对接世界技能大赛技术标准创新系列教材

技工院校一体化课程教学改革电气自动化设备安装与维修专业教材

低压电气控制设备安装与调试

人力资源社会保障部教材办公室　组织编写

中国劳动社会保障出版社

简　介

本套教材为对接世赛标准深化一体化专业课程改革电气自动化设备安装与维修专业教材，对接世赛电气装置等项目，学习目标融入世赛要求，学习内容对接世赛技能标准，考核评价方法参考世赛评分方案，并设置了世赛知识栏目。

本书主要内容包括：车床电气控制线路安装与调试、电动卷闸门电气控制线路安装与调试、磨床电气控制线路安装与调试。

图书在版编目（CIP）数据

低压电气控制设备安装与调试 / 人力资源社会保障部教材办公室组织编写 . -- 北京：中国劳动社会保障出版社，2021

对接世界技能大赛技术标准创新系列教材　技工院校一体化课程教学改革电气自动化设备安装与维修专业教材

ISBN 978-7-5167-4871-8

Ⅰ. ①低…　Ⅱ. ①人…　Ⅲ. ①低压电器 – 电气控制装置 – 设备安装 – 技工学校 – 教材②低压电器 – 电气控制装置 – 调试方法 – 技工学校 – 教材　Ⅳ. ①TM52

中国版本图书馆 CIP 数据核字（2021）第 158518 号

中国劳动社会保障出版社出版发行

（北京市惠新东街 1 号　邮政编码：100029）

*

北京市白帆印务有限公司印刷装订　　新华书店经销

880 毫米 ×1230 毫米　16 开本　8.5 印张　193 千字

2021 年 9 月第 1 版　　2024 年 1 月第 4 次印刷

定价：18.00 元

营销中心电话：400-606-6496

出版社网址：http://www.class.com.cn

http://jg.class.com.cn

对接世界技能大赛技术标准创新系列教材

编审委员会

主　任：刘　康

副主任：张　斌　王晓君　刘新昌　冯　政

委　员：王　飞　翟　涛　杨　奕　张　伟　赵庆鹏　姜华平
　　　　杜庚星　王鸿飞

电气自动化设备安装与维修专业课程改革工作小组

课 改 校：江苏省盐城技师学院　江苏省常州技师学院
　　　　　黑龙江技师学院　承德技师学院　江西技师学院
　　　　　青岛市技师学院　开封技师学院　衡阳技师学院
　　　　　珠海市技师学院

技术指导：雷云涛

编　　辑：范贻潘

本书编审人员

主　　编：许泓泉

副 主 编：何　杨　王燕英　翟旭华

参　　编：唐中武　马宇丽　钟　鸣　田悦妍　陈明明

审　　稿：朱彦齐

序

世界技能大赛由世界技能组织每两年举办一届，是迄今全球地位最高、规模最大、影响力最广的职业技能竞赛，被誉为“世界技能奥林匹克”。我国于2010年加入世界技能组织，先后参加了五届世界技能大赛，累计取得36金、29银、20铜和58个优胜奖的优异成绩。第46届世界技能大赛将在我国上海举办。2019年9月，习近平总书记对我国选手在第45届世界技能大赛上取得佳绩作出重要指示，并强调，劳动者素质对一个国家、一个民族发展至关重要。技术工人队伍是支撑中国制造、中国创造的重要基础，对推动经济高质量发展具有重要作用。要健全技能人才培养、使用、评价、激励制度，大力发展技工教育，大规模开展职业技能培训，加快培养大批高素质劳动者和技术技能人才。要在全社会弘扬精益求精的工匠精神，激励广大青年走技能成才、技能报国之路。

为充分借鉴世界技能大赛先进理念、技术标准和评价体系，突出“高、精、尖、缺”导向，促进技工教育与世界先进标准接轨，完善我国技能人才培养模式，全面提升技能人才培养质量，人力资源社会保障部于2019年4月启动了世界技能大赛成果转化工作。根据成果转化工作方案，成立了由世界技能大赛中国集训基地、一体化课改学校，以及竞赛项目中国技术指导专家、企业专家、出版集团资深编辑组成的对接世界技能大赛技术标准深化专业课程改革工作小组，按照创新开发新专业、升级改造传统专业、深化一体化专业课程改革三种对接转化原则，以专业培养目标对接职业描述、专业课程对接世界技能标准、课程考核与评价对接评分方案等多种操作模式和路径，同时融入健康与安全、绿色与环保及可持续发展理念，开发与世界技能大赛项目对接的专业人才培养方案、教材及配套教学资源。首批对接 19 个世界技能大赛项目共 12 个专业的成果将于 2020—2021 年陆续出版，主要用于技工院校日常专业教学工作中，充分发挥世界技能大赛成果转化对技工院校技能人才的引领示范作用。在总结经验及调研的基础上选择新的对接项目，陆续启动第二批等世界技能大赛成果转化工作。

希望全国技工院校将对接世界技能大赛技术标准创新系列教材，作为深化专业课程建设、创新人才培养模式、提高人才培养质量的重要抓手，进一步推动教学改革，坚持高端引领，促进内涵发展，提升办学质量，为加快培养高水平的技能人才作出新的更大贡献！

2020年11月

电气自动化设备安装与维修专业一体化教学参考书目录（中级阶段）

序号	书名
1	电工基础（第六版）
2	电子技术基础（第六版）
3	机械与电气识图（第四版）
4	机械知识（第六版）
5	电工仪表与测量（第六版）
6	电机与变压器（第六版）
7	安全用电（第六版）
8	电工材料（第五版）
9	电力拖动控制线路与技能训练（第六版）
10	企业供电系统及运行（第六版）
11	电工技能训练（第六版）
12	电子电路基本技能训练

微信扫描二维码
可查看本书配套数字资源

目　　录

学习任务一　车床电气控制线路安装与调试

学习目标

1. 能根据工作任务情境填写工作任务单，明确工作任务，与相关人员进行沟通，明确工时、工作内容等要求。

2. 能识读相关施工图纸，通过勘察施工现场，准确描述现场特征，取得必要的资料、数据。

3. 能正确识读电气原理图，叙述 CA6140 型车床电气控制线路的控制过程及工作原理。

4. 能正确识别电动机的种类和结构，能正确完成电动机的日常保养工作。

5. 能正确识别常用的按钮、接触器、继电器、行程开关、变压器等低压电器，正确使用电工常用工具与测量仪表。

6. 能根据任务要求和施工图纸，列出所需工具和材料清单，准备工具，领取材料。

7. 能根据勘察现场的结果和任务要求，合理制订工作计划。

8. 能按照作业规程设置必要的安全防护措施。

9. 能正确识读位置图、接线图，能按图纸、工艺要求、安装规程要求，参照世界技能大赛电气安装技术标准完成线路安装施工任务，在安装过程中应具有环保意识和成本意识。

10. 施工后，能按相关的技术要求（如世界技能大赛电气安装技术标准中绝缘电阻、接地电阻测试等）使用仪表进行自检，排查故障，完成运行测试工作。

11. 通电试车合格后，能正确标注有关控制功能的铭牌牌标标签。

12. 施工后能按照管理规定清理工作现场，整理工具，收集剩余材料，清理工程垃圾，拆除防护措施。

13. 能完成工作总结与评价，规范填写验收项目报告，交付验收。

14. 能在工作过程中严格执行企业的作业规范、安全生产制度、环保管理制度以及“6S”管理制度。

15. 能严格遵守从业人员的职业道德，具有吃苦耐劳、爱岗敬业的工作态度和职业责任感。

建议学时

80 学时

工作情境描述

某机床生产企业新接到一批CA6140型车床生产订单，设计部门已经设计好电气控制线路图纸，下发电气部门进行生产。电气部门班组长安排人员按照电气原理图、位置图、接线图等图纸在任务规定时间内完成电气控制线路安装。安装过程应符合相关的工艺要求和安装规程要求，安装完成后进行运行测试，保证设备工作正常。

工作流程与活动

1．明确任务和勘察现场
2．施工前的准备
3．现场施工
4．检修与调试
5．总结与评价

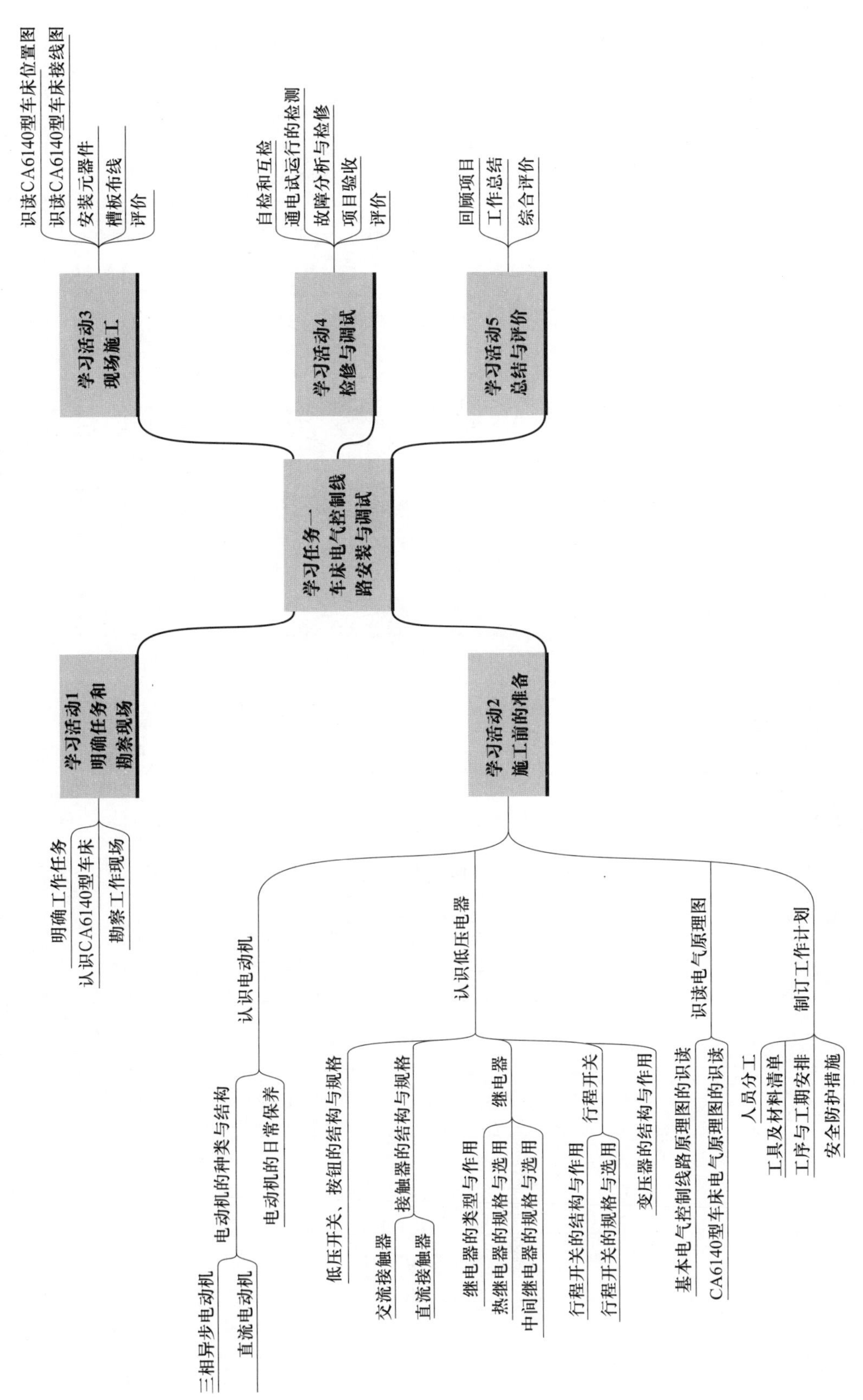
学习任务一 车床电气控制线路安装与调试
学习活动1 明确任务和勘察现场
明确工作任务
认识CA6140型车床
勘察工作现场
学习活动2 施工前的准备
认识电动机
电动机的种类与结构
三相异步电动机
直流电动机
电动机的日常保养
认识低压电器
低压开关、按钮的结构与规格
接触器的结构与规格
交流接触器
直流接触器
继电器
继电器的类型与作用
热继电器的规格与选用
中间继电器的规格与选用
行程开关
行程开关的结构与作用
行程开关的规格与选用
变压器的结构与作用
识读电气原理图
基本电气控制线路原理图的识读
CA6140型车床电气原理图的识读
制订工作计划
人员分工
工具及材料清单
工序与工期安排
安全防护措施
学习活动3 现场施工
识读CA6140型车床位置图
识读CA6140型车床接线图
安装元器件
槽板布线
评价
学习活动4 检修与调试
自检和互检
通电试运行的检测
故障分析与检修
项目验收
评价
学习活动5 总结与评价
回顾项目
工作总结
综合评价

学习活动 1　明确任务和勘察现场

学习目标

1. 能根据工作任务情境填写工作任务单，明确工作任务，与相关人员进行沟通，明确工时、工作内容等要求。

2. 能叙述 CA6140 型车床的结构、功能和基本工作过程。

3. 能通过勘察施工现场，准确描述现场特征，取得必要的资料、数据。

建议学时：8 学时

学习过程

一、明确工作任务

认真阅读工作任务单（表 1–1–1），结合学习任务的实际情况，说出本次任务的工作内容、时间要求及交接工作相关负责人等信息，并根据实际情况补充完整。

表 1–1–1　　　　工作任务单　　　　编号：

<table>
<tr><td>安装地点</td><td colspan="6">机床厂电气车间</td></tr>
<tr><td>安装项目</td><td colspan="4">CA6140 型车床电气线路的安装</td><td>保修周期</td><td>出厂后一年</td></tr>
<tr><td rowspan="2">安装单位
或部门</td><td colspan="2" rowspan="2"></td><td>责任人</td><td></td><td rowspan="2">承接时间</td><td rowspan="2">年　月　日</td></tr>
<tr><td>联系电话</td><td></td></tr>
<tr><td>安装人员</td><td colspan="4"></td><td>完工时间</td><td>年　月　日</td></tr>
<tr><td>验收意见</td><td colspan="4"></td><td>验收人</td><td></td></tr>
<tr><td colspan="2">处室负责人签字</td><td colspan="2"></td><td colspan="2">项目负责人签字</td><td></td></tr>
</table>

二、认识 CA6140 型车床

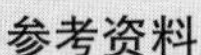

> **参考资料**
> **电力拖动控制线路与技能训练（第六版）**
> 第三单元课题 1　CA6140 型车床电气控制线路

车床是一种应用极为广泛的金属切削机床，能够车削外圆、内圆、端面、螺纹，并能切断工件及割槽等，还可以装上钻头或铰刀进行钻孔和铰孔等加工。查阅相关资料，了解车床的基本知识，回答下列问题。

1．CA6140 型车床是机械加工中应用较广的一种，图 1–1–1、图 1–1–2 所示为其外形及结构。它主要由床身、主轴箱、进给箱、溜板箱、刀架、卡盘、尾架、丝杠和光杠等部分组成。查阅相关资料，结合现场对车床实物的观察，在图中写出主要各部件的名称。

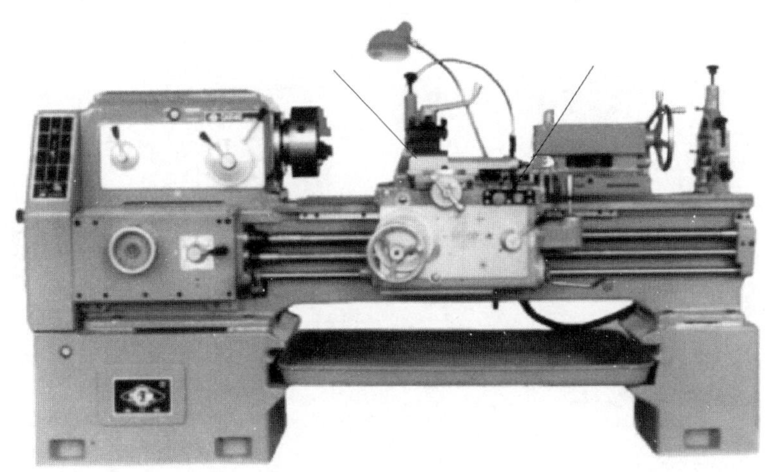

图 1–1–1

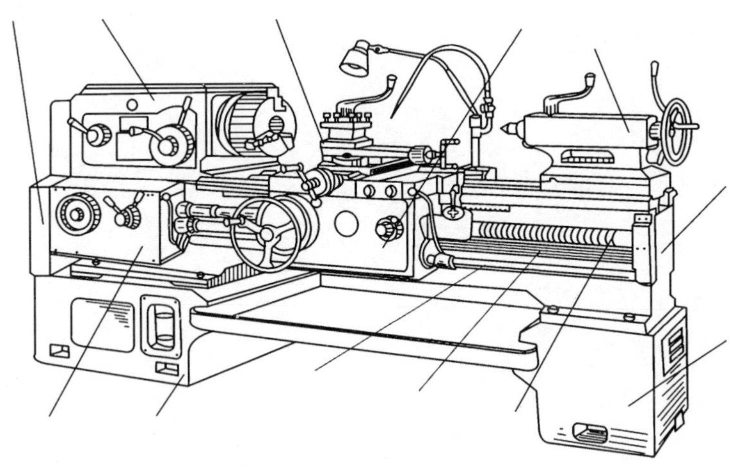

图 1–1–2

2．识读本任务所用 CA6140 型车床的铭牌，将其主要参数记录下来。

3．观察车床的操作按钮和手柄，注意它们的位置，写出各自的功能及特征。

4．紧急停机的手柄必须采用什么颜色？急停按钮采用哪种形式？

5．机床电路中的安全电压一般规定为多少伏？

6．查阅相关资料，写出 CA6140 型车床型号的意义。

C：

A：

6：

1：

40：

7．在教师指导下，查看车床线路，注意观察从配电盘到电动机、照明灯具、各操作按钮的引线是如何安装的。简要说明：电源线是从什么位置引入的？配电盘采用哪种配线方式？

8．观察教师演示或在教师指导下操作机床，配电箱门打开或者关闭时，门的开关能否起保护作用？是什么样的保护作用？为什么要这样设计？

9．CA6140 型车床的主运动是什么？如何操作？

10．CA6140 型车床的进给运动是什么？如何操作？

11．CA6140 型车床的辅助运动是什么？如何操作？

12．观察 CA6140 型车床，有几个指示灯？分别起什么作用？

三、勘察工作现场

勘察 CA6140 型车床电气控制线路安装现场的基本情况（包括安装位置、尺寸、线路与电动机的连接情况等），做好记录。

学习活动 2　施工前的准备

学习目标

1. 能正确识别电动机的种类和结构。

2. 能正确完成电动机的日常保养工作。

3. 能正确识别按钮、接触器、继电器、行程开关、变压器等低压电器。

4. 正确识读电气线路原理图。

5. 能根据勘察现场的结果和任务要求制订工作计划。

6. 能根据任务要求和施工图纸，列举所需工具和材料清单，准备工具，领取材料。

7. 能按照作业规程设置必要的安全防护措施。

建议学时：36 学时

学习过程

一、认识三相异步电动机

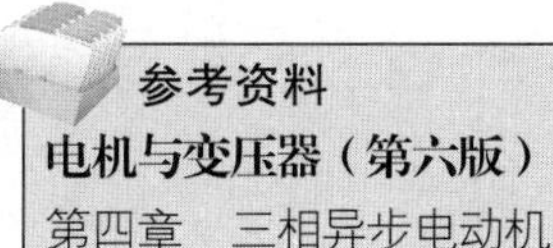

参考资料
电机与变压器（第六版）
第四章　三相异步电动机

电动机是把电能转换成机械能的设备，在机械、冶金、交通等各个领域中，电动机作为动力源起着不可缺少的作用。查阅相关资料，回答下列问题。

1．按照供电类型，电动机可分为哪些类型？

2．图 1–2–1 所示是什么类型的电动机？写出其各部分的名称。

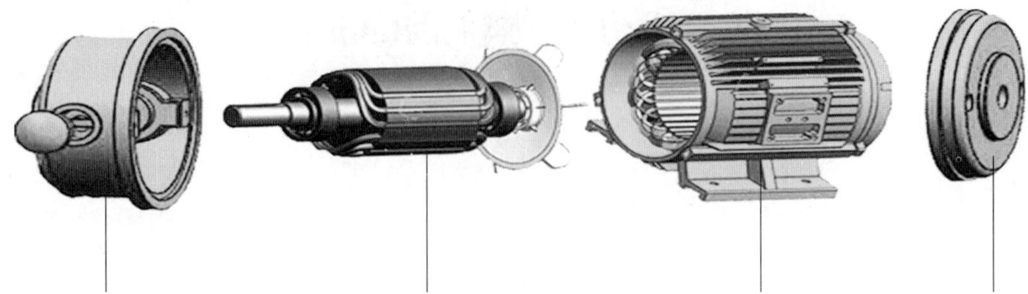

图 1–2–1

3．观察实训场地电动机设备的铭牌，将主要参数记录在表 1–2–1 中，并简要说明其含义。

表 1–2–1　　电动机的铭牌参数

项目名称	参数	含义
电源电压		
频率		
总容量		
熔断电流		
防护等级		
编号		
相数		
接法		

4．查阅相关资料，了解电动机型号的编制规则，写出 Y132M—4 型电动机的型号含义。

Y：

132：

M：

4：

5．通过观察三相异步电动机可以发现，电动机定子绕组的接线通常有星形和三角形两种不同的接法。查阅资料了解这两种不同的接法，补全接线图，并回答问题。

（1）图 1–2–2 所示为定子绕组的星形接法，此时每相绕组的电压是线电压的________倍。

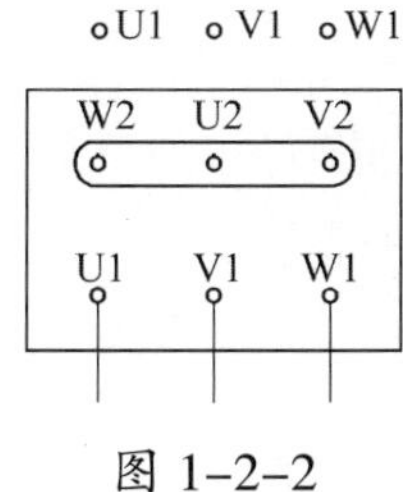

图 1–2–2

（2）图 1–2–3 所示为定子绕组的三角形接法，此时每相绕组的电压是线电压的________倍。

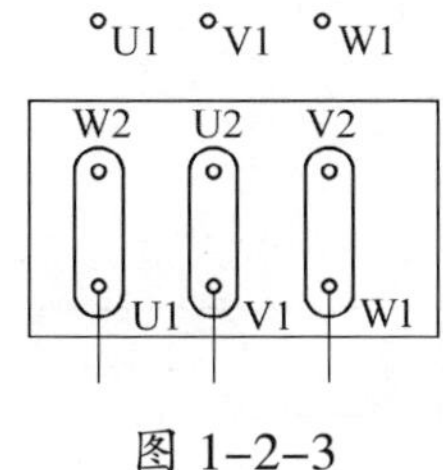

图 1–2–3

6．查阅相关资料，说明改变三相异步电动机的旋转方向应如何操作。

7．查阅相关资料，学习三相异步电动机的结构与原理知识，写出改变三相异步电动机的转速有哪些方法。

8．根据实际机床铭牌参数判断：主轴电动机、冷却泵电动机分别是几极电动机？转差率分别是多少？额定电流值是多少？

9．查阅相关资料，了解异步电动机的常用工作方式，填写表 1–2–2。

表 1–2–2　　异步电动机的常用工作方式

工作方式	说明

二、认识直流电动机

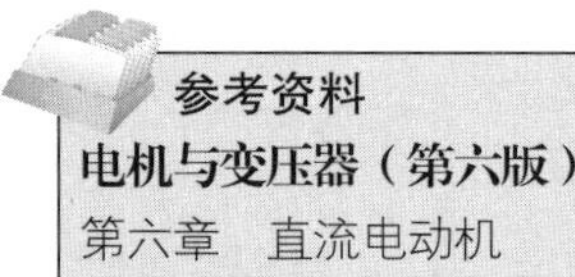

参考资料

电机与变压器（第六版）

第六章　直流电动机

直流电动机是将直流电能转变为机械能的电动机，直流电动机具有良好的启动、调速和制动性能，常用于对启动和调速性能要求比较高的场合。查阅相关资料，学习直流电动机的相关知识，回答以下问题。

1．直流电动机由哪两部分组成？

2．直流电动机的定子由哪几部分组成？

3．直流电动机的转动部分称为什么？由哪几部分组成？

4．直流电动机的运行性能取决于励磁方式，按照励磁方式的不同，直流电动机可分为哪些类型？

5．某直流电动机的型号是 Z2—41，其含义是什么？

6．什么是直流电动机的电枢反应？

7．改变直流电动机的旋转方向应怎样操作？

8．改变直流电动机的转速有哪些方法？

三、保养电动机

1．查阅相关资料，按正确步骤拆卸电动机，对照前面所学知识，观察其结构组成，正确指认各个组成部分。

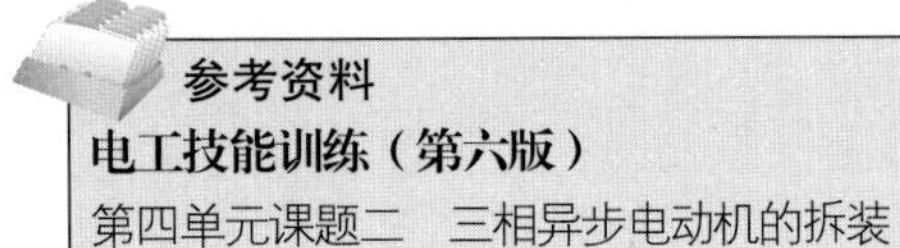

2．电动机的日常保养主要有哪些工作内容？简要列举出来。

3．按正确步骤完成电动机的保养操作，将表 1–2–3 补充完整。

表 1–2–3　　三相异步电动机保养记录单

<table>
<tr><td colspan="2">电动机类型</td><td></td><td>电动机型号</td><td></td></tr>
<tr><td colspan="2">检修负责人</td><td></td><td>完工时间</td><td></td></tr>
<tr><td>序号</td><td colspan="2">保养项目</td><td colspan="2">保养结果</td></tr>
<tr><td>1</td><td colspan="2">进行抽芯检查，检查轴承磨损情况，清扫或清洗污垢</td><td colspan="2"></td></tr>
<tr><td>2</td><td colspan="2">检查电动机的通风情况</td><td colspan="2"></td></tr>
<tr><td>3</td><td colspan="2">检查零部件生锈和腐蚀情况</td><td colspan="2"></td></tr>
<tr><td>4</td><td colspan="2">检测绝缘电阻，进行干燥处理</td><td colspan="2"></td></tr>
<tr><td>5</td><td colspan="2">检查和更换润滑剂</td><td colspan="2"></td></tr>
</table>

四、认识低压电器

通过对前面的学习可以发现，CA6140 型车床的控制线路是由很多个电气元件或设备组成的，将各种电气元件或设备连接在一起，就实现了车床的各种控制功能。这些电气元件或设备统称为低压电器，查阅相关资料，学习低压电器的相关知识，回答下面的问题。

参考资料
电力拖动控制线路与技能训练（第六版）
第一单元　常用低压电器及其安装、检测与维修

1．低压电器的基本知识

（1）低压电器和高压电器分别是如何定义的?

（2）CA6140 型车床的主要电气控制部分都安装在其控制箱内，观察控制箱，在教师的讲解下，认识各元器件的名称，通过查阅相关资料，写出各元器件的代号、名称、型号、规格和作用（表 1–2–4）。

表 1–2–4　各元器件的代号、名称、型号、规格和作用

代号	元器件名称	型号	规格	作用

续表

代号	元器件名称	型号	规格	作用

（3）表 1–2–5 中列出了 CA6140 型车床中用到的各种低压电器，查阅相关资料，对照实物图写出名称、符号及功能。

表 1–2–5　　低压电器的名称、符号及功能

实物图	名称	文字符号和图形符号	功能

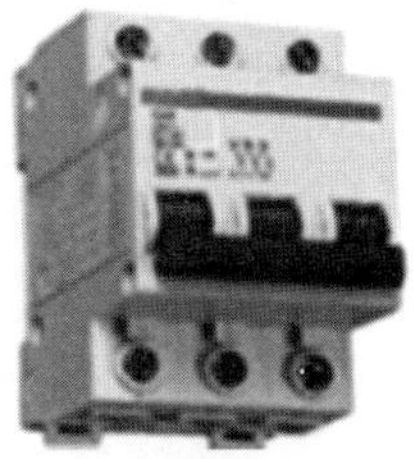			

续表

实物图	名称	文字符号和图形符号	功能

（4）表 1–2–6 中列出了常见低压电器的文字符号和图形符号，查阅相关资料，对照符号写出其名称。

表 1–2–6　　常见低压电器的文字符号和图形符号

符号	名称	符号	名称
QS		SQ	
SB		KM	
SB		KM	
SB		KM	
SB		KM	
SB		KH	
SQ		KH	
SQ		TC ~380V ~24V ~110V	

2．低压开关

低压开关在电气控制线路中主要起电气隔离及电路的转换、接通和分断作用，许多机床电气控制线路的电源和局部照明线路都是通过低压开关进行控制的，有时还用低压开关直接控制小容量电动机的启动、停止、正转和反转。查阅相关资料，回答下面问题。

（1）常见的低压开关有哪些?

（2）某低压电器的型号是 LAY3—10X/20，其含义是什么?

（3）列举常用低压开关的名称、规格型号、文字符号、图形符号等信息，填入表 1–2–7 中。

表 1–2–7　　低压开关的名称、规格型号、文字符号、图形符号

序号	1	2	3	4	5
名称					
规格型号					
文字符号					
图形符号					

3．按钮

按钮是一种用人体某一部分（一般为手指或手掌）施加力而操作，并具有弹簧储能复位功能的控制开关，是一种最常见的主令电器。

（1）按钮的触头允许通过的电流一般不超过多少?

（2）按钮一般由哪几部分组成?

（3）按钮可分为哪几种类型?

（4）按钮颜色选择的具体要求是什么?

4．接触器

接触器是一种自动的电磁式开关，触头的通断不是用手来控制，而是通过电动操作。查阅接触器的相关资料，回答下面问题。

（1）接触器按照通过电流的种类可分为哪两种类型?

（2）使用接触器进行控制的优点是什么?

（3）某接触器的型号是 CJ10—20，其含义是什么？

（4）某接触器的型号是 CZ20—20，其含义是什么？

（5）交流接触器主要由哪几部分组成？

（6）直流接触器主要由哪几部分组成？

（7）选用接触器要注意哪些因素？接入交流接触器线圈的电压过高或过低分别会造成什么后果？为什么？

（8）需要两个 110 V 的交流接触器同时动作时，能否将其两个线圈串联接到 220 V 电路上？为什么？

5．继电器

继电器是一种根据输入信号（电量或非电量）的变化，来接通或分断小电流电路（如控制电路），实现自动控制和保护电力拖动装置的电器。一般情况下，继电器不直接控制电流较大的主电路，而是控制接触器或其他电器的线圈来实现对主电路的控制。查阅相关资料，回答下列问题。

（1）继电器的种类很多，按输入信号的性质可分为哪些类型？

（2）继电器按工作原理可分为哪些类型？

（3）电磁式继电器按其在电路中的作用可分为哪些类型？

（4）中间继电器有什么作用？

（5）某继电器的型号是 JZ7—44，其含义是什么?

（6）中间继电器和接触器有何异同? 在什么条件下可以用中间继电器来代替接触器?

（7）热继电器是利用流过继电器的电流所产生的热效应而反时限动作的自动保护电器。它主要由哪几部分组成?

（8）某继电器的型号为 JR36—20，其含义是什么?

（9）选用热继电器时，热元件的整定电流应为电动机额定电流的多少倍?

6．行程开关

行程开关是一种利用生产机械某些运动部件的碰撞来发出控制指令的电器，主要用于控制生产机械的运动方向、速度、行程大小或位置，是一种自动电器。查阅相关资料，回答下列问题。

（1）某行程开关的型号为 JWM6—11，其含义是什么?

（2）行程开关与按钮的相同点是什么？区别是什么?

（3）选用行程开关应该注意哪些参数?

（4）表 1–2–8 列出了行程开关的常见故障现象，将故障的可能原因和处理方法填入表中。

表 1–2–8　　行程开关的常见故障现象及处理方法

故障现象	可能原因	处理方法
挡铁碰撞行程开关后，触头不动作		
杠杆已经偏转，或已无外界机械力作用，但触头不复位		

7．变压器

查阅变压器的相关资料，回答下列问题。

（1）变压器的用途是什么？它的基本原理是什么？

（2）小型变压器由哪几部分组成？

（3）电力变压器由哪几部分组成?

（4）变压器能否变换直流电？为什么?

（5）变压器在使用时应主要考虑哪些参数?

8．低压电器的灭弧

（1）什么是电弧？一般在什么情况下出现？有什么危害?

（2）低压电器常用的灭弧方法有哪些?

五、识读电气原理图

参考资料

机械与电气识图（第四版）

§5–2 识读电路图

电力拖动控制线路与技能训练（第六版）

第二单元课题 2　三相笼型异步电动机的点动正转控制线路

第二单元课题 3　三相笼型异步电动机的自锁正转控制线路

1．基本电气控制线路原理图的识读

（1）查阅相关资料，学习电气原理图的识读方法和相关电气控制线路原理，分析图 1–2–4 所示电路的工作原理，回答问题。

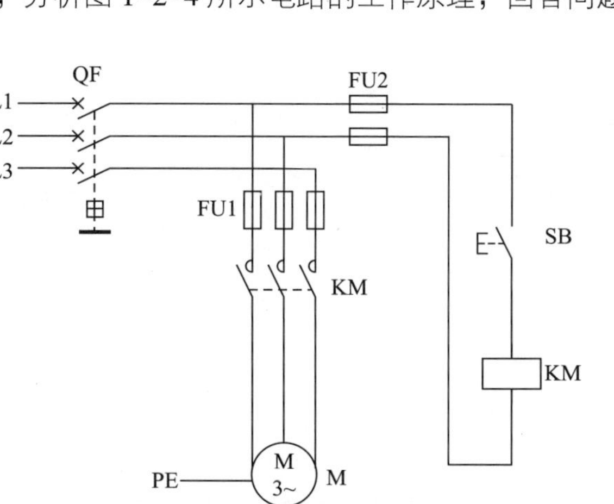
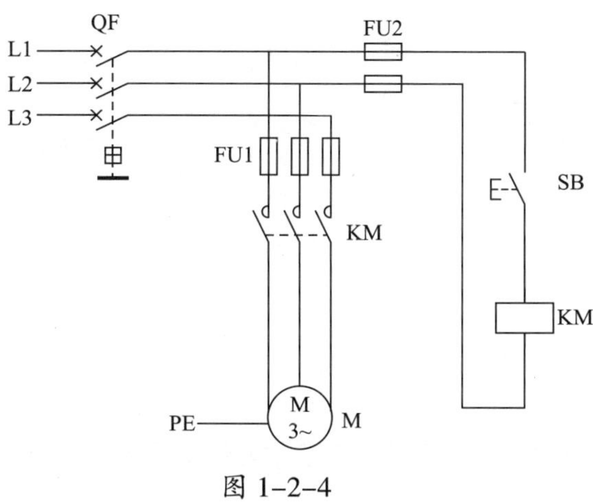

图 1–2–4

1）在图中分别标出主电路、控制电路，并说明它们是如何布局的。

2）图中两个不同的符号均标为 KM，分别表示什么？它们之间有什么关系？

3）FU1、FU2 起什么作用？能采用一样的型号吗？保护范围有何区别？

4）手按下按钮后松开会出现什么现象？如何实现电动机连续运行？

5）什么是过载保护？为什么对电动机要采用过载保护？

6）在电动机控制线路中，短路保护和过载保护各由什么电器来完成？它们能否相互代替使用？为什么？

（2）图 1-2-5 所示为一个三相异步电动机单方向连续运行控制线路的原理图，该电路较上一电路更为复杂，识读电路图，回答问题。

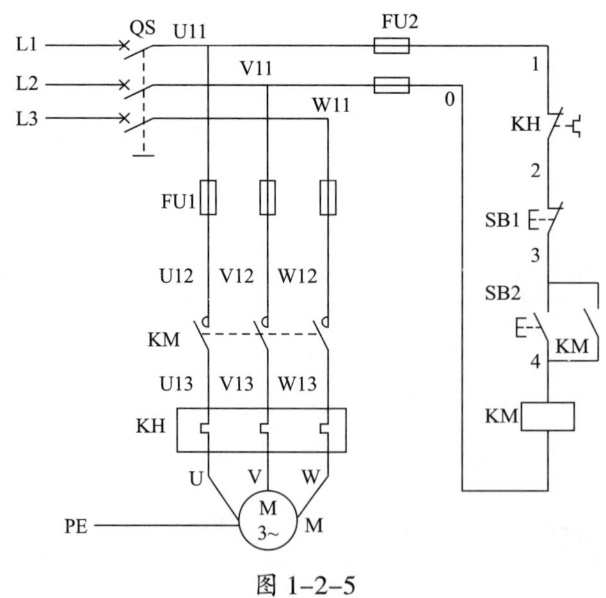

图 1-2-5

1）与 SB2 并联的 KM 起什么作用？简述控制线路的工作过程。

2）图中有两处标有 KH，它们表示什么含义？ KH 所代表的电器在线路中起什么作用？如何实现？

3）什么是欠压保护？什么是失压保护？为什么说接触器自锁控制线路具有欠压和失压保护作用？

2．CA6140 型车床电气原理图的识读

图 1-2-6 所示是 CA6140 型车床电气原理图，查阅相关资料并分析电路工作原理，回答问题。

> **参考资料**
> **电力拖动控制线路与技能训练（第六版）**
> 第三单元课题 1　CA6140 型车床电气控制线路

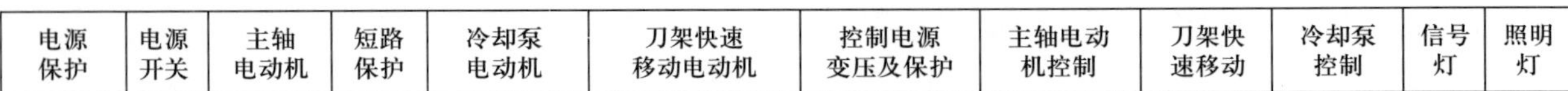

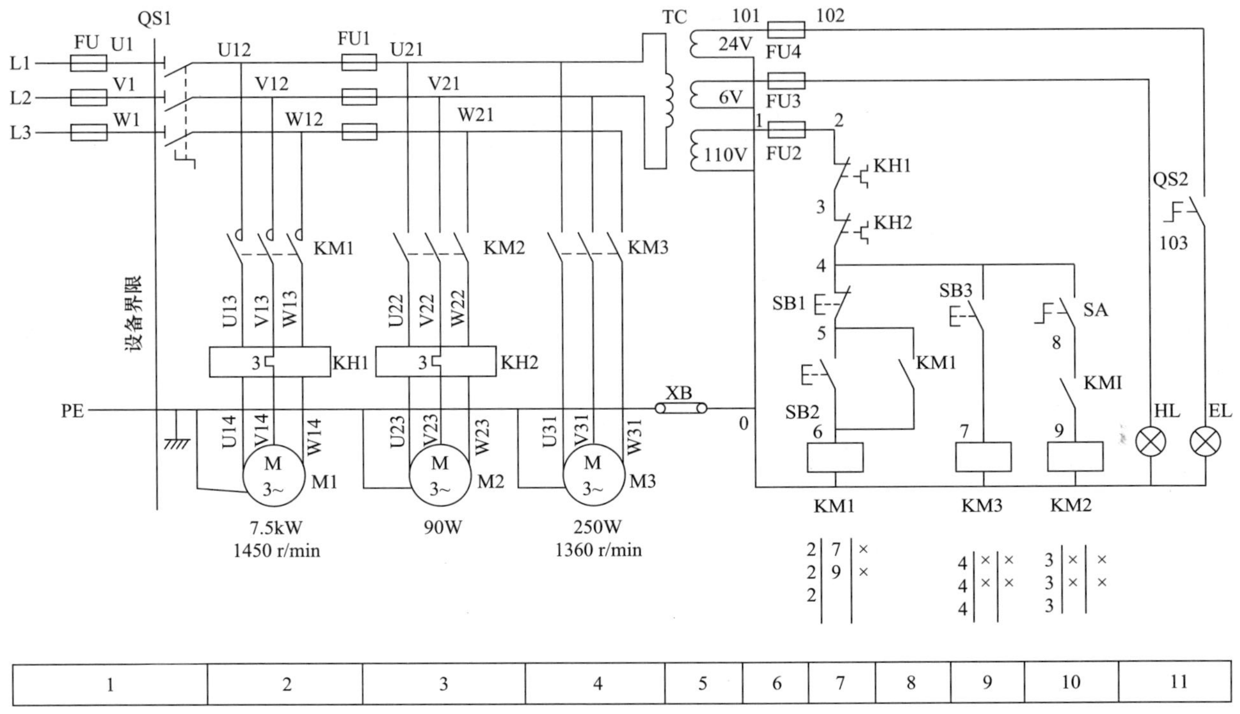

图 1-2-6

（1）根据 CA6140 型车床的电气控制要求，识读电路图，填写表 1-2-9。

表 1-2-9　　　　CA6140 型车床的电气控制要求

电动机	旋转方向	启动顺序
主轴电动机 M1		
冷却泵电动机 M2		
快速移动电动机 M3		

（2）分析电路工作原理，理解电路中是如何实现控制要求的。参照给定示例，完成表 1-2-10。

表 1-2-10　　　　电路工作原理

序号	被控对象	涉及的接触器	简述工作原理
1	主轴电动机 M1	KM	按下 SB2—KM 线圈得电—KM 自锁—M1 运转—主轴开始工作； 按下 SB1—KM 线圈失电—KM 触头复位断开—M1 停转—主轴停止工作
2	冷却泵电动机 M2		
3	快速移动电动机 M3		

（3）识读 CA6140 型车床电气原理图，在图中分别标出主电路、控制电路、辅助电路。

（4）为了保障机床操作的安全，电源开关采用了哪些保护措施?

（5）CA6140 型车床有几台电动机？分别是哪种类型的电动机?

（6）CA6140 型车床的几台电动机分别采用哪种运行方式?

（7）电路中主要采用了哪些保护？分别用什么元器件实现的?

（8）控制变压器 TC 的 3 个二次线圈输出电压分别是多少？分别给什么电路供电?

（9）信号灯 HL 为什么没有设控制开关？

（10）KH1、KH2 分别起什么作用？它们的常闭接点串联使用的目的是什么？

参考资料
电力拖动控制线路与技能训练（第六版）
第二单元课题 7　三相笼型异步电动机的顺序控制线路

（11）分析电路的工作原理，主轴电动机与冷却泵电动机之间的启动和停止存在什么关系？简要描述其工作过程。

参考资料
电力拖动控制线路与技能训练（第六版）
第二单元课题 7　三相笼型异步电动机的顺序控制线路

3．其他顺序控制的实现方式

除了图 1–2–6 中的方法外，还可以用其他方法实现顺序控制。

（1）分析图 1–2–7 所示电路，它是由什么电路实现顺序控制的？简要写出顺序控制的过程。

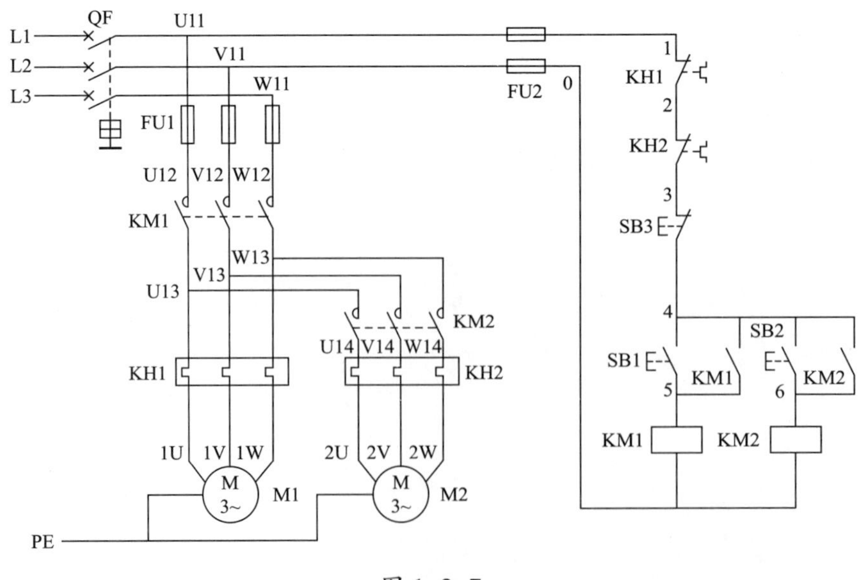

图 1–2–7

（2）分析图 1–2–8 和图 1–2–9 所示电路，它们实现的顺序控制与图 1–2–7 有什么不同？简要写出两图顺序控制的过程并比较区别。

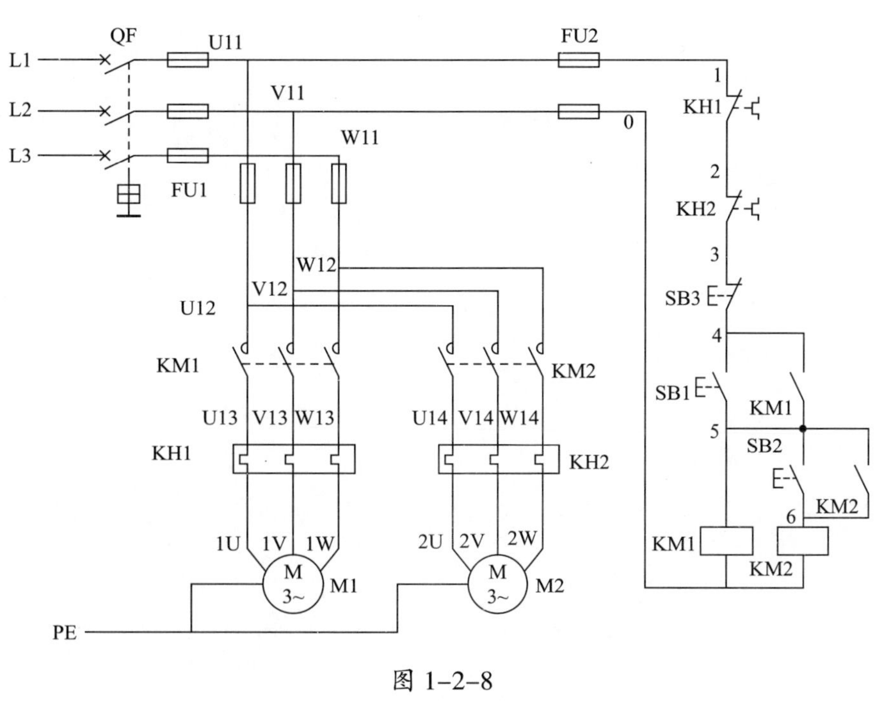

图 1–2–8

1
KH1
2
KH2
3
SB12
SB22
4
6
SB21
SB11
KM1
KM2
5
7
KM1
8
KM1
KM2
0

1
KM1
2
KH2
3
SB12
SB22
KM2
4
6
SB21
SB11
KM1
KM2
7
5
KM1
KM1 8
KM2
0

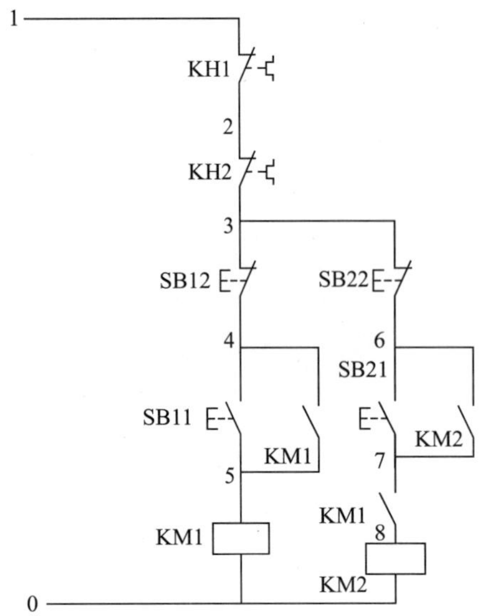

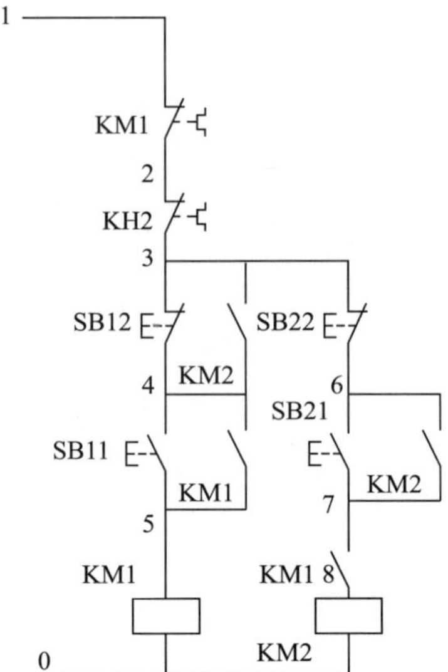

图 1–2–9

六、制订工作计划

CA6140 型车床电气控制线路安装与调试工作计划

一、人员分工

1. 小组负责人

2. 小组成员及分工

姓名	分工

二、工具及材料清单

序号	工具或材料	单位	数量	备注

续表

序号	工具或材料	单位	数量	备注

三、工序及工期安排

序号	工作内容	完成时间	备注

四、安全防护措施

学习活动3　现 场 施 工

学习目标

1. 能识读位置图、接线图。

2. 能正确使用电工常用工具。

3. 能按图纸、工艺要求、安装规程要求，参照世界技能大赛电气安装技术标准完成线路安装施工任务，在安装过程中应具有环保意识和成本意识。

4. 能在工作过程中严格执行企业的作业规范、安全生产制度、环保管理制度以及“6S”管理制度，严格遵守从业人员的职业道德，具有吃苦耐劳、爱岗敬业的工作态度和职业责任感。

建议学时：24 学时

学习过程

一、识读 CA6140 型车床位置图

位置图也称为电气布置图，用来表明电气设备上的电动机、电器的实际位置，是设备的制造、安装和维修的必要资料。

CA6140 型车床位置图如图 1–3–1 所示，识读该图，回答下面的问题。

> **参考资料**
> **机械与电气识图（第四版）**
> § 5–5　识读电气布置图
> **电力拖动控制线路与技能训练（第六版）**
> 第三单元课题 1　CA6140 型车床电气控制线路

1．位置图主要由哪几部分组成?

2．图 1–3–1 中项目代号的含义是：第一位是位置代号，表示____________________，第二位是种类代号，表示____________。

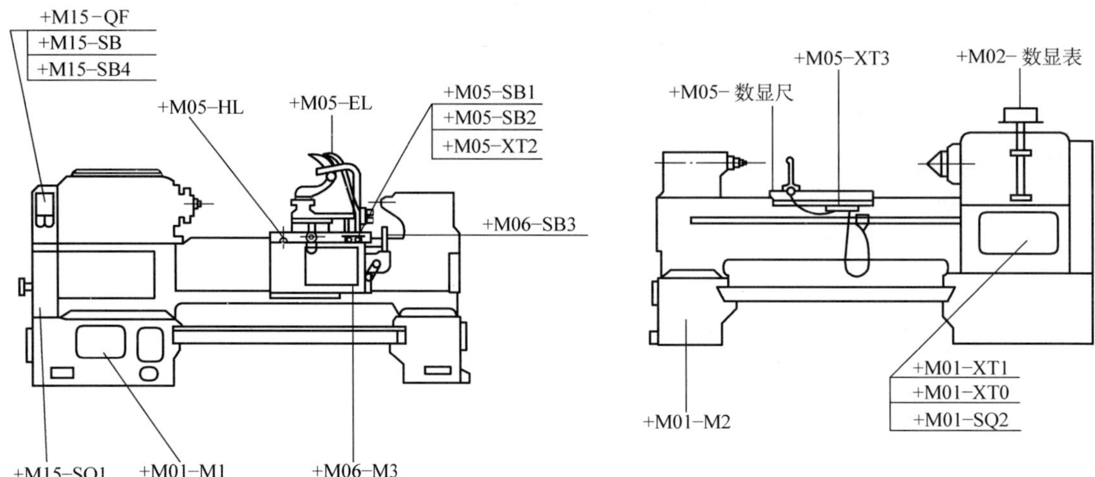

图 1–3–1

表 1–3–1　　位置代号索引

序号	部件名称	代号	安装的元件
1	床身底座	+M01	–M1、–M2、–XT0、–XT1、–SQ2
2	床鞍	+M05	–HL、–EL、–SB1、–SB2、–XT2、–XT3、数显尺
3	溜板	+M06	–M3、–SB3
4	传动带罩	+M15	–QF、–SB、–SB4、–SQ1
5	床头	+M02	数显表

二、识读 CA6140 型车床接线图

接线图是根据电气设备和电气元件的实际位置和安装情况绘制的，只用来表示电气设备和电气元件的位置、配线方式和接线方式，而不明确表示电气动作原理。接线图主要用于安装接线、线路的检查维修和故障处理。

查阅相关资料，识读图 1–3–2 所示 CA6140 型车床接线图，回答后面的问题。

参考资料

机械与电气识图（第四版）
§ 5–3　识读接线图
电力拖动控制线路与技能训练（第六版）
第三单元课题 1　CA6140 型车床电气控制线路

+M15
PE
-QF
U10 V10 W10
U11 V11 W11
SB
SB4
ϕ20×1 500
塑胶管
(U10,V10,W10,
U11,V11,W11)
(0,9,10,3,2,PE)
+M15-SQ1
+M01-SQ2
-M01-M1
塑胶管
ϕ6×800
塑胶管
ϕ6×400
(2,4)
(2,3)
1W
1V
1U
PE
塑胶管
ϕ14×1 000
+M01-XT0
TC
FU1
FU1
FU1
FU2
FU3
FU4
KA2
KA1
KM
KH2
KH1
+M01-XT1
壁龛配电盘
+M05-HL
202
0
塑胶管
ϕ5×400
(202,0)
+M05-XT2
SB1
SB2
塑胶管
ϕ12×560
+M05-XT3
塑胶管
ϕ18×550
瓦斯管
G1×L
20×L
瓦斯管
G3/4×L
钢丝编织包塑金属软管
塑胶管 (5,8)
ϕ6×350
塑胶管
ϕ10×250
8×450
塑胶管
ϕ6×80
塑胶管
ϕ8×700
+M06-SB3
3W
3V
3U
PE
+M06-M3
103
0
+M05-EL
2W
2V
2U
PE
+M01-M2

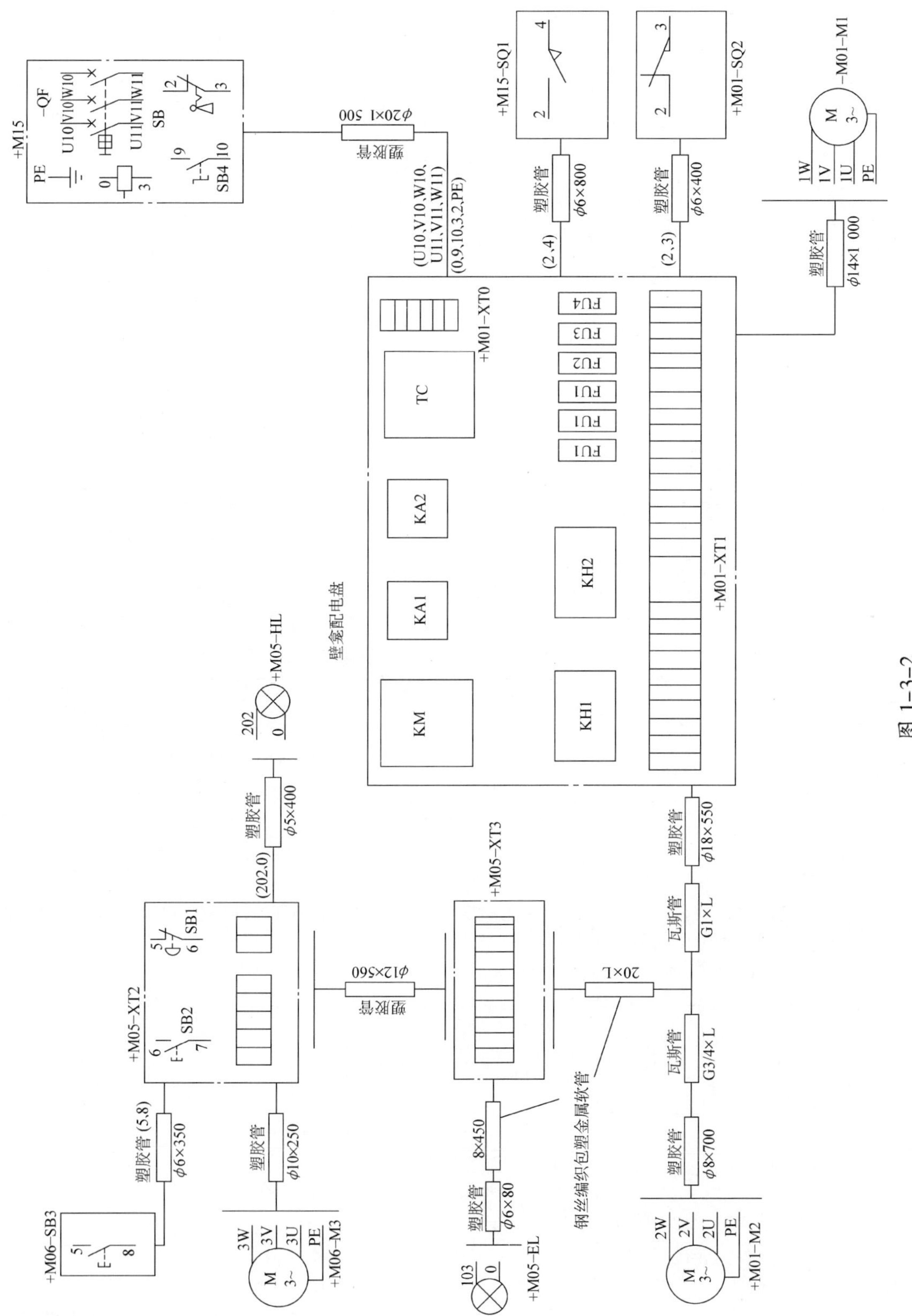

图 1-3-2

1．识读接线图应注意什么？

2．实际工作中为什么要把电路图、布置图和接线图结合起来使用？

三、安装元器件和布线

1．元器件安装和布线的基本方法

表 1–3–2 列出了 CA6140 型车床主电路、控制电路元器件安装和布线的基本步骤。查阅资料学习相关内容，回答问题。

参考资料
电力拖动控制线路与技能训练（第六版）
第三单元课题 1　CA6140 型车床电气控制线路

表 1–3–2　CA6140 型车床主电路、控制电路元器件安装和布线的基本步骤

安装步骤	安装项目	工艺要求
第一步	选配并检验元器件和电气设备	1．按照元器件清单配齐电气设备和元件，并逐个检验其规格和质量 2．根据电动机的容量、线路走向及要求和各元件的安装尺寸，正确选配导线（包括规格、类型和数量）、接线端子板、控制板、紧固件等
第二步	在控制板上固定电气元件和走线槽，并在电气元件附近做好与电路图上相同代号的标记	安装走线槽时，应做到横平竖直、排列整齐匀称、安装牢固和便于走线等
第三步	在控制板上进行板前线槽配线，并在导线端部套编码套管	按板前线槽配线的工艺要求进行
第四步	按照位置图、接线图进行控制板外的元件固定和接线	1．选择合理的导线走向，做好导线所经通道的准备 2．控制板外部导线的线头要套装与电路图相同线号的编码套管 3．按规定在通道内放好备用导线 4．按照工艺要求进行主电路安装 5．按照工艺要求进行主轴电动机控制电路的安装 6．按照工艺要求进行冷却泵和刀架快速移动电动机控制电路的安装 7．按照工艺要求进行辅助控制电路的安装

（1）本任务采用塑料走线槽布线。塑料走线槽布线有什么特点？应注意哪些问题？

（2）线槽布线是一种常见的布线方式。在世界技能大赛的评价标准中，关于线槽布线的要求主要有哪些？

2．主电路的安装

查阅相关资料，了解这些元器件安装的工艺要求，按要求进行施工操作。主电路安装布线过程中遇到了哪些问题？你是如何解决的？在表 1–3–3 中记录下来。

表 1–3–3　　主电路安装操作记录

所遇问题	解决方法

续表

所遇问题	解决方法

3．控制电路的安装

控制电路的安装包括三部分：

（1）主轴电动机控制电路的安装。

（2）冷却泵和刀架快速移动电动机控制电路的安装。

（3）辅助控制电路的安装。

查阅相关资料，了解控制电路元件安装的工艺要求，按要求进行施工操作。控制电路安装布线过程中遇到了哪些问题？你是如何解决的？在表 1–3–4 中记录下来。

表 1–3–4　控制电路安装操作记录

所遇问题	解决方法

续表

所遇问题	解决方法

四、评价

根据表 1–3–5 所列要求对本活动中的完成情况进行评价。

表 1–3–5　　评价表

项目要求	配分	评分细则	自我评价	小组评价	教师评价
时间要求	10	在规定时间内完成任务得 10 分；每超过 5 分钟扣 2 分			
现场准备，清点元器件、工具	5	元器件、工具清点完整得 5 分；缺一个扣 0.5 分			
安装连接电路	30	电路连接正确、符合要求得 30 分；一处不符合扣 5 分			
电路安装步骤与方法	30	安装步骤与方法正确、符合工艺要求得 30 分；一处不符合扣 5 分			
线路布局	25	布局美观、符合控制要求得 25 分；一项不符合扣 5 分			
合计					

学习活动 4　检修与调试

学习目标

1. 能按照施工任务要求进行直观检查。

2. 能按相关的技术要求（如世界技能大赛电气安装技术标准中绝缘电阻、接地电阻测试等）使用仪表进行自检和互检，排查故障。

3. 按照安全操作规程完成通电试车，能正确标注有关控制功能的铭牌标签。

4. 施工后能按照管理规定清理工作现场，整理工具，收集剩余材料，清理工程垃圾，拆除防护措施。

5. 能规范填写验收项目报告，交付验收。

建议学时：8 学时

学习过程

一、自检和互检

在断电情况下进行自检和互检，完成以下内容。

参考资料
电工技能训练（第六版）
第二单元课题六任务二　兆欧表的使用

1．根据电路图检查电路的接线是否正确、接地通道是否正确。用万用表进行检查，自行设计表格，记录检查的项目、过程、测试结果、所遇到的问题和处理方法。

2．检查热继电器的整定值和熔断器中熔体的规格是否符合要求。

3．检查电动机及线路的绝缘电阻。

（1）根据电动机的铭牌参数检查接线，查阅相关资料，将表 1–4–1 补充完整。

表 1–4–1　　检查接线

步骤	操作目的	方法步骤
第一步	分相	具体步骤：
第二步	首尾端判断	方法一具体步骤：
		方法二具体步骤：

（2）使用兆欧表测量电动机绕组之间、绕组与地之间的绝缘电阻。

对线路的绝缘电阻进行测量，将结果记录在表 1–4–2 中。

表 1–4–2　　绝缘电阻进行测量

检查项目	理论值	实测值	是否符合技术要求
绕组与绕组			
绕组与地			

（3）绝缘电阻应符合技术要求。查阅相关资料，在世界技能大赛电气装置项目的技术标准中，关于绝缘电阻有哪些要求?

4．在世界技能大赛中，选手在完成比赛安装任务后，还必须完成以下工作，才能进行通电调试：

（1）所有强制性的测试都已经完成，达到测试要求，且测试结果正确方可提交测试报告。

（2）所有设备（如开关、插座、线槽等）的盖子都已安装，且完好无损。

（3）无暴露的或未完成接线的导线或电缆。

参照以上要求对线路进行检查，为通电试车做好准备。

二、通电试车

> **参考资料**
> **电工技能训练（第六版）**
> 第二单元课题六任务三　钳形电流表的使用
> **电力拖动控制线路与技能训练（第六版）**
> 第三单元课题 1　CA6140 型车床电气控制线路

1．通电试车的要求

（1）为保证人身安全，在通电校验时，要认真执行安全操作规程的有关规定，一人监护，一人操作。校验前，应检查与通电有关的电气设备是否有不安全的因素存在，若查出应立即整改，然后才能试车。

（2）通电试车前，必须征得教师的同意，并先断开主电路的电源（FU1 三个熔断器不装熔体即可），在控制电路工作正常之后，再接通主电路电源。由教师接通三相电源 L1、L2、L3，同时在现场监护。合上电源开关 QF 后，检查熔断器 FU2 出线端是否有电压。按下 SB1，观察接触器是否正常工作，是否符合线路功能要求，电气元件的动作是否灵活，有无卡阻及噪声过大等现象。待控制电路正常后接通主电路电源，观察电动机运行情况是否正常等，但不得对线路接线是否正确进行带电检查。观察过程中，若发现有异常现象，应立即停车，切断电源。

（3）试车成功率以通电后第一次按下按钮时的结果计算。

（4）如出现故障，应独立进行检修。若需带电检查，必须有教师在现场监护。检修完毕后，如需要再次试车，也应有教师在现场监护，并做好时间记录。

（5）通电校验完毕，切断电源。

断电检查无误后，经教师同意，通电试车，观察电动机的运行状态，测量相关参数。

2．通电试运行的检测

（1）测量电动机的空载电流

空载时，用钳形电流表测量三相空载电流是否平衡，将测量结果记录下来，注意测量的同时要观察电动机是否有杂声、振动及其他较大噪声，如有应立即停车进行检修。

（2）测量电动机的转速

用转速表测量电动机转速，并与电动机的额定转速进行比较，将结果记录在表 1–4–3 中。

表 1–4–3　　测量电动机的转速

测量项目	额定转速	实际转速	转差率
电动机转速			

3．如果电动机有故障应进行相应的处理。表 1–4–4 列举了电动机常见的一些故障现象及原因，查阅相关资料，写出对应的处理方法。

表 1–4–4　　常见故障现象、原因及处理方法

故障现象	故障原因	处理方法
电动机不能启动	绕组短路、短路	
	过电流整定值过小	
电动机振动过大或者空气开关跳闸	电动机缺相运行	
	电动机负载过重或者机械部分卡住	
电动机通电不启动，但有“嗡嗡”声	绕组引出线始末端接错或绕组内部接反	
	轴承装配过紧	

续表

故障现象	故障原因	处理方法
电动机启动困难，加额定负载后转速比额定转速低很多	三角形误接成星形	
绝缘电阻低	绕组绝缘沾满粉尘、油垢	
	绕组绝缘老化	
电动机空载运行时电流不平衡，相差很大	三相绕组匝数分配不均匀	
	电源电压不平衡	
	绕组接头有局部虚接或断线处	
电动机过热或冒烟	定子、转子铁芯相碰	
	电动机过载或拖动的机械设备阻力过大	

4．若电路存在故障应及时处理。电动机运行正常无误后，标注有关控制功能的铭牌标签，清理工作现场，整理工具，收集剩余材料，清理工程垃圾，拆除防护措施，交付验收人员检查。通电试车过程中，若出现异常现象，应立即停车，进行检查与调试。小组间相互交流，将各自遇到的故障现象、故障原因和处理方法记录在表 1–4–5 中。

表 1–4–5　故障现象、故障原因和处理方法记录

故障现象	故障原因	处理方法

三、项目验收

1．在验收阶段，各小组派出代表进行交叉验收，并填写详细验收记录（表 1–4–6）。

表 1–4–6　　验收过程问题记录表

验收问题记录	整改措施	完成时间	备注

2．以小组为单位认真填写 CA6140 型车床电气控制线路安装与调试任务验收报告（表 1–4–7），并将学习活动 1 中的工作任务单填写完整。

表 1-4-7　　CA6140 型车床电气控制线路安装与调试任务验收报告

工程项目名称				
工程概况				
建设单位			联系人	
地址			联系电话	
施工单位			联系人	
地址			联系电话	
项目负责人			施工周期	
现存问题			完成时间	
改进措施				
验收结果	主观评价	客观测试	施工质量	材料移交

四、评价

在世界技能大赛中，对所完成的任务主要从以下几个方面进行测试、评价：

（1）操作过程中的个人安全，设备通电前要求外观完好无损坏，正确进行绝缘电阻、接地连续电阻测试并提交测试报告。

（2）按照所描述的功能列表，根据实现的功能和调试过程进行评分。

（3）线路设计依据线路所实现的功能、电线电缆的选型、元器件的选型、参数设置等方面进行评分（选手设计的电路图不做评分），兼顾安全和经济节约。

（4）尺寸和水平垂直通过比较图纸和实际安装结果进行评分，参见表 1-4-8。应注意：

1）所有的尺寸都必须依照特定的参考线（中心线）进行测量；

2）电缆和管的尺寸以电缆和管的中心为基准；

3）线槽和设备的尺寸以图纸上所显示的线槽和设备的中心或者边缘为基准。

表 1–4–8　　允许误差标准

项目	公差要求
水平 / 垂直	水平尺上的气泡在水平刻度线之间
尺寸	± 2 mm

参照以上内容，根据小组展示的安装成果，按表 1–4–9 所列评分标准进行评分。

表 1–4–9　　评分标准

<table>
<tr><th colspan="2" rowspan="2">评价内容</th><th rowspan="2">分值</th><th colspan="3">评分</th></tr>
<tr><th>自我评价</th><th>小组评价</th><th>教师评价</th></tr>
<tr><td rowspan="2">故障分析</td><td>故障分析思路清晰</td><td rowspan="2">20</td><td rowspan="2"></td><td rowspan="2"></td><td rowspan="2"></td></tr>
<tr><td>准确标出最小故障范围</td></tr>
<tr><td rowspan="3">故障排除</td><td>用正确的方法排除故障点</td><td rowspan="3">50</td><td rowspan="3"></td><td rowspan="3"></td><td rowspan="3"></td></tr>
<tr><td>检修中不扩大故障范围或产生新的故障，一旦发生，能及时自行修复</td></tr>
<tr><td>工具、设备无损坏</td></tr>
<tr><td rowspan="2">通电试车</td><td>设备正常运转无故障</td><td rowspan="2">20</td><td rowspan="2"></td><td rowspan="2"></td><td rowspan="2"></td></tr>
<tr><td>出现故障后，及时独立发现问题并解决</td></tr>
<tr><td rowspan="2">安全文明生产</td><td>遵守安全文明生产规程</td><td rowspan="2">10</td><td rowspan="2"></td><td rowspan="2"></td><td rowspan="2"></td></tr>
<tr><td>施工完成后认真清理现场</td></tr>
<tr><td colspan="6">施工规定用时：　　　　实际用时：
超时扣分：</td></tr>
<tr><td colspan="3">合计</td><td></td><td></td><td></td></tr>
</table>

学习活动 5　总结与评价

学习目标

1. 能以小组形式对学习过程和实训成果进行汇报总结。

2. 完成对学习过程的综合评价。

建议学时：4 学时

学习过程

一、回顾项目

各小组回顾每个学习活动的进展过程、现存问题、改进措施和验收交付等情况，提炼各个活动环节的关键技术，填入表 1–5–1 中。

表 1–5–1　　回顾项目

活动环节	关键技术
学习活动 1：明确任务和勘察现场	
学习活动 2：施工前的准备	
学习活动 3：现场施工	
学习活动 4：检修与调试	

二、工作总结

以小组为单位，选择演示文稿、展板、视频等形式中的一种或几种，向全班展示、汇报学习成果。

三、综合评价

参考世界技能大赛的评价标准、理念，针对本任务的学习情况，根据表 1–5–2 所列综合评价标准进行评分。

表 1–5–2　　综合评价

<table>
<tr><th rowspan="2">评价项目</th><th rowspan="2">评价内容及标准</th><th rowspan="2">配分</th><th colspan="3">评分</th></tr>
<tr><th>自我评价</th><th>小组评价</th><th>教师评价</th></tr>
<tr><td rowspan="3">工作组织和管理</td><td>团队合作，合理计划，高效管理时间</td><td>3</td><td></td><td></td><td></td></tr>
<tr><td>定期检查工作进展和成果</td><td>3</td><td></td><td></td><td></td></tr>
<tr><td>保证高质量标准地完成工作</td><td>4</td><td></td><td></td><td></td></tr>
<tr><td rowspan="2">沟通能力</td><td>与客户交流，完全理解其要求</td><td>5</td><td></td><td></td><td></td></tr>
<tr><td>提供明确说明，为客户提供书面报告</td><td>5</td><td></td><td></td><td></td></tr>
<tr><td rowspan="2">计划创新能力</td><td>定期检查工作，最小化问题</td><td>5</td><td></td><td></td><td></td></tr>
<tr><td>提出创新性、可行性建议，提高客户满意度</td><td>5</td><td></td><td></td><td></td></tr>
<tr><td rowspan="2">设计安装能力</td><td>根据要求设计图纸，正确选用元器件</td><td>20</td><td></td><td></td><td></td></tr>
<tr><td>按照相关技术标准完成电路的装接</td><td>30</td><td></td><td></td><td></td></tr>
<tr><td rowspan="2">维修能力</td><td>使用、测试、校准测量设备</td><td>5</td><td></td><td></td><td></td></tr>
<tr><td>修复检查验收中发现的问题</td><td>15</td><td></td><td></td><td></td></tr>
<tr><td>学生姓名</td><td></td><td colspan="2">综合评价得分</td><td colspan="2"></td></tr>
<tr><td>指导教师</td><td></td><td colspan="2">日期</td><td colspan="2"></td></tr>
</table>

世赛知识

历届世界技能大赛举办情况

1955—1971 年，世界技能大赛每年举办一届，自 1971 年起，基本稳定为每两年举办一届。大赛以在欧洲举办为主，在亚洲举办过 7 届，在北美洲举办过 3 届，在南美洲举办过 1 届，在大洋洲举办过 1 届。从欧洲到亚洲、美洲、大洋洲，世界技能大赛足迹的延伸充分说明了其创意的成功之处。以技能的比拼、展示、传播为核心，以鼓励青年技术工人成长为己任，世界技能大赛从诞生之日起，就与社会生产具有紧密的联系，满足了社会发展的需求，顺应了历史的潮流。

历届世界技能大赛举办地及参赛情况

届次	举办年份	举办地点	参赛选手	参赛国家和地区	届次	举办年份	举办地点	参赛选手	参赛国家和地区
1	1950	西班牙马德里	24 名	2 个	24	1978	韩国釜山	245 名	14 个
2	1951	西班牙马德里	18 名	2 个	25	1979	爱尔兰科克	278 名	14 个
3	1953	西班牙马德里	65 名	7 个	26	1981	美国亚特兰大	274 名	14 个
4	1955	西班牙马德里	83 名	7 个	27	1983	奥地利林茨	314 名	18 个
5	1956	西班牙马德里	88 名	8 个	28	1985	日本大阪	307 名	18 个
6	1957	西班牙马德里	128 名	8 个	29	1988	澳大利亚悉尼	351 名	20 个
7	1958	比利时布鲁塞尔	144 名	10 个	30	1989	英国伯明翰	349 名	21 个
8	1959	意大利摩德纳	150 名	9 个	31	1991	荷兰阿姆斯特丹	432 名	25 个
9	1960	西班牙巴塞罗那	173 名	7 个	32	1993	中国台北	435 名	25 个
10	1961	德国杜伊斯堡	192 名	11 个	33	1995	法国里昂	506 名	28 个
11	1962	西班牙希洪	156 名	10 个	34	1997	瑞士圣加仑	533 名	30 个
12	1963	爱尔兰都柏林	224 名	13 个	35	1999	加拿大蒙特利尔	567 名	33 个
13	1964	葡萄牙里斯本	197 名	12 个	36	2001	韩国汉城	576 名	35 个
14	1965	英国格拉斯哥	204 名	11 个	37	2003	瑞士圣加仑	618 名	36 个
15	1966	荷兰乌特勒支	220 名	11 个	38	2005	芬兰赫尔辛基	666 名	38 个
16	1967	西班牙马德里	233 名	11 个	39	2007	日本静冈	812 名	46 个
17	1968	瑞士伯尔尼	249 名	14 个	40	2009	加拿大卡尔加里	847 名	45 个
18	1969	比利时布鲁塞尔	260 名	15 个	41	2011	英国伦敦	931 名	51 个
19	1970	日本东京	274 名	15 个	42	2013	德国莱比锡	999 名	53 个
20	1971	西班牙希洪	283 名	15 个	43	2015	巴西圣保罗	1 186 名	62 个
21	1973	德国慕尼黑	281 名	15 个	44	2017	阿联酋阿布扎比	1 260 余名	68 个
22	1975	西班牙马德里	293 名	17 个	45	2019	俄罗斯喀山	1 355 名	63 个
23	1977	荷兰乌特勒支	291 名	17 个					

学习任务二　电动卷闸门电气控制线路安装与调试

学习目标

1. 能根据工作任务情境填写工作任务单，明确工作任务，与相关人员进行沟通，明确工时、工作内容等要求。

2. 能识读相关施工图纸，通过勘察施工现场，准确描述现场特征，取得必要的资料、数据。

3. 能正确识读电气原理图，叙述电动卷闸门电气控制线路的控制过程及工作原理。

4. 能正确识别、选用常用的低压电器。

5. 能根据任务要求和施工图纸，列出所需工具和材料清单，准备工具，领取材料。

6. 能根据勘察现场的结果和任务要求，合理制订工作计划。

7. 能按照作业规程应用必要的标识和隔离措施，准备现场工作环境。

8. 能正确识读、绘制位置图、接线图，能按图纸、工艺要求、安装规程要求，参照世界技能大赛电气安装技术标准完成线路安装施工任务，在安装过程中应具有环保意识和成本意识。

9. 施工后，能按相关的技术要求（如世界技能大赛电气安装技术标准中绝缘电阻、接地电阻测试等）使用仪表进行自检，排查故障，完成运行测试工作。

10. 通电试车合格后，能正确标注有关控制功能的铭牌标签。

11. 施工后能按照管理规定清理施工现场，整理工具，收集剩余材料，清理工程垃圾，拆除防护措施。

12. 能完成工作总结与评价，规范填写验收项目报告，交付验收。

13. 能在工作过程中严格执行企业的作业规范、安全生产制度、环保管理制度以及“7S”管理制度。

14. 能严格遵守从业人员的职业道德，具有吃苦耐劳、爱岗敬业的工作态度和职业责任感。

建议学时

60 学时

工作情境描述

某电动卷闸门生产企业新接到一批生产订单，设计部门已经设计好电气控制线路图纸，下发电气部门进行生产。电气部门班组长立即安排人员在任务规定时间内，根据施工现场的实际情况完善相关技术图纸，完成电气控制线路的安装。安装过程应符合相关的工艺要求和安装规程要求，安装完成后进行运行测试，保证设备工作正常。

工作流程与活动

1．明确任务和勘察现场
2．施工前的准备
3．现场施工
4．检修与调试
5．总结与评价

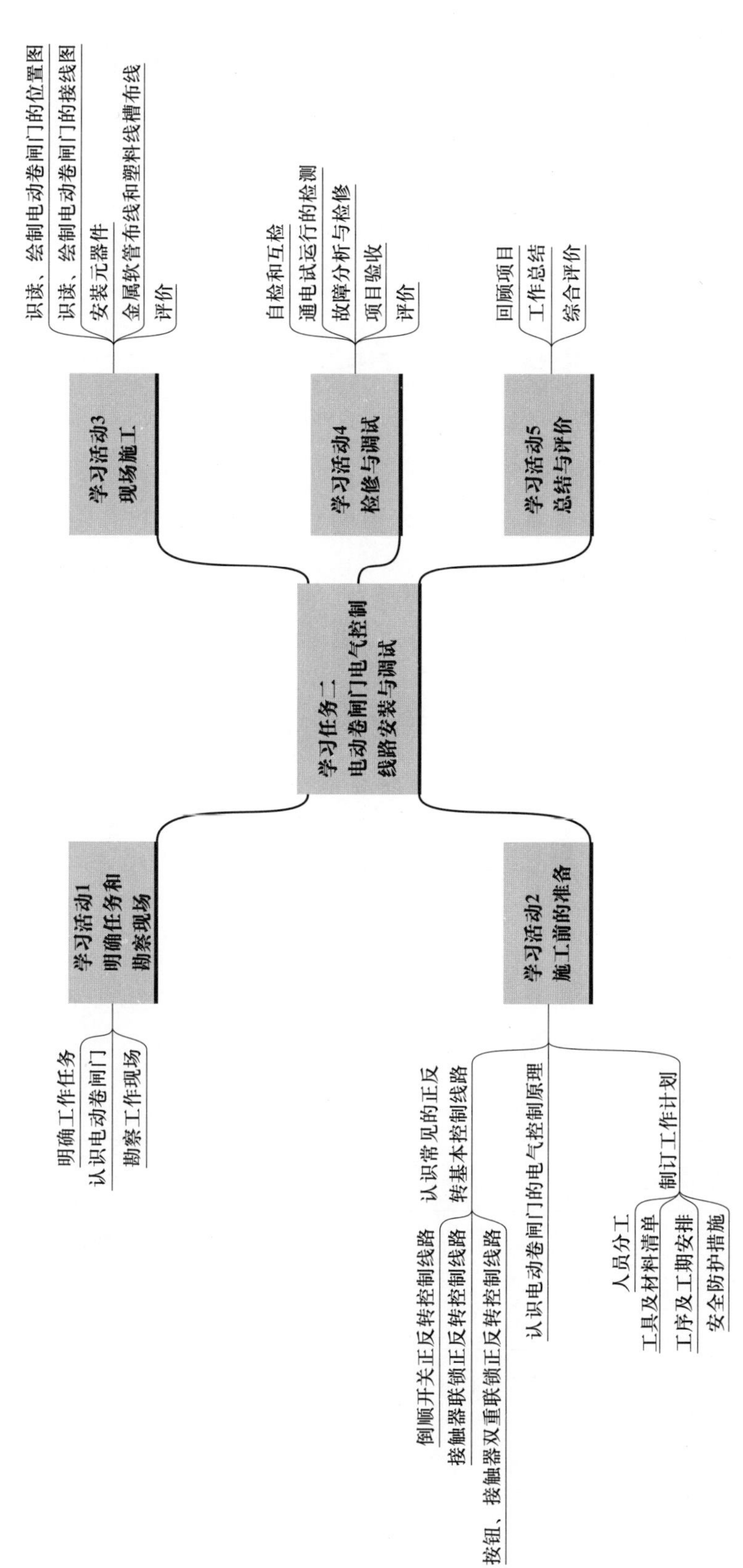
学习任务二
电动卷闸门电气控制线路安装与调试
学习活动1
明确任务和勘察现场
明确工作任务
认识电动卷闸门
勘察工作现场
学习活动2
施工前的准备
认识常见的正反转基本控制线路
倒顺开关正反转控制线路
接触器联锁正反转控制线路
按钮、接触器双重联锁正反转控制线路
认识电动卷闸门的电气控制原理
制订工作计划
人员分工
工具及材料清单
工序及工期安排
安全防护措施
学习活动3
现场施工
识读、绘制电动卷闸门的位置图
识读、绘制电动卷闸门的接线图
安装元器件
金属软管布线和塑料线槽布线
评价
学习活动4
检修与调试
自检和互检
通电试运行的检测
故障分析与检修
项目验收
评价
学习活动5
总结与评价
回顾项目
工作总结
综合评价

学习活动 1　明确任务和勘察现场

学习目标

1. 能根据工作任务情境填写工作任务单，明确工作任务，与相关人员进行沟通，明确工时、工作内容等要求。

2. 能叙述电动卷闸门的类型和功能。

3. 能通过勘察施工现场，准确描述现场特征，取得必要的资料、数据。

建议学时：12 学时

学习过程

一、明确工作任务

认真阅读工作任务单（表 2–1–1），结合学习任务的实际情况，说出本次任务的工作内容、时间要求及交接工作相关负责人等信息，并根据实际情况补充完整。

表 2–1–1　　工作任务单　　编号：

<table>
<tr><td>安装地点</td><td colspan="5">电气车间</td></tr>
<tr><td>安装项目</td><td colspan="3">电动卷闸门电气控制线路的安装</td><td>保修周期</td><td>出厂后一年</td></tr>
<tr><td rowspan="2">安装单位或部门</td><td rowspan="2"></td><td>责任人</td><td></td><td rowspan="2">承接时间</td><td rowspan="2">年　月　日</td></tr>
<tr><td>联系电话</td><td></td></tr>
<tr><td>安装人员</td><td colspan="3"></td><td>完工时间</td><td>年　月　日</td></tr>
<tr><td>验收意见</td><td colspan="3"></td><td>验收人</td><td></td></tr>
<tr><td>处室负责人签字</td><td colspan="2"></td><td colspan="2">项目负责人签字</td><td></td></tr>
</table>

二、认识电动卷闸门

卷闸门是以多关节活动的门片串联在一起，在固定的滑道内，以门上方卷轴为中心转动上下的门，如图 2–1–1 所示。卷闸门广泛应用于商场或店铺的安防，以防火、防盗和隔离为主要用途。

图 2–1–1

1．查阅相关资料，列举卷闸门的常见种类。

2．图 2–1–2 所示是一种带蓄电池的电动卷闸门，它一般在哪些场所使用?

图 2–1–2

3．根据电动卷闸门的相关知识及工作情境描述的要求，明确以下信息。

（1）该工作任务完成后，设备应该能够实现哪些功能?

（2）本次任务的控制电路应该具有哪些保护措施?

三、勘察工作现场

勘察电动卷闸门电气控制线路安装现场的基本情况（包括安装位置、尺寸、线路与电动机的连接情况等），做好记录。

学习活动 2　施工前的准备

学习目标

1. 能正确识读电气原理图，明确电动卷闸门电气控制线路的控制过程及工作原理。

2. 能正确识别、选用常用的低压电器。

3. 能根据勘察现场的结果和任务要求制订工作计划。

4. 能正确使用电工常用工具，并根据任务要求和施工图纸，列举所需工具和材料清单。

5. 能按照作业规程设置必要的安全防护措施。

建议学时：12 学时

学习过程

一、认识常见的正反转基本控制线路

1．认识倒顺开关正反转控制线路

倒顺开关是用来控制电动机正反转的一种手动控制装置，其外观如图 2–2–1 所示。倒顺开关正反转控制线路如图 2–2–2 所示。电动卷闸门的电动机正反转控制可以采用倒顺开关来实现。

> **参考资料**
> **电力拖动控制线路与技能训练（第六版）**
> 第一单元课题 3　低压开关
> 第一单元课题 4　安全电器
> 第一单元课题 5　接触器
> 第二单元课题 5　三相笼型异步电动机的正反转控制线路

图 2–2–1

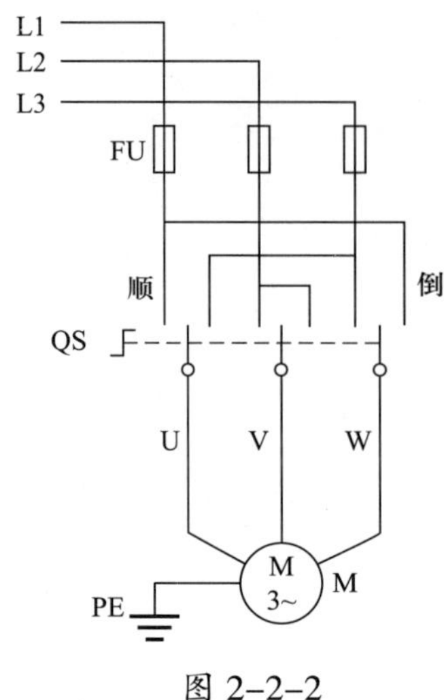

图 2–2–2

（1）当电动机处于正转时，若将倒顺开关的手柄由“顺”的位置直接扳至“倒”的位置，可能会出现什么问题?

（2）根据电路图，写出电动机正反转的控制过程。

2．认识接触器联锁正反转控制线路

倒顺开关正反转控制线路虽然使用电气元件较少，线路比较简单，但它是一种手动控制线路，在频繁换向时，操作人员劳动强度大，操作安全性差，所以这种线路一般用于控制额定电流 10 A、功率在 3 kW 及以下的小容量电动机。在实际生产中，更常用按钮、接触器来控制电动机的正反转，其电路如图 2–2–3 所示。

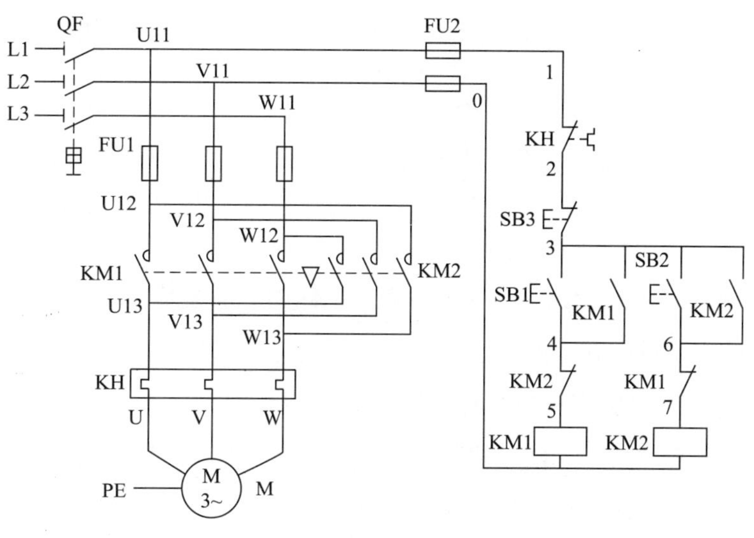

图 2–2–3

（1）图 2–2–3 中，SB1、SB2、SB3 分别是什么低压电器？有何作用？

（2）接触器 KM1 和 KM2 的主触头为什么不允许同时闭合？若同时闭合会出现什么情况？

（3）为了避免两个接触器 KM1 和 KM2 同时得电动作，在电路中采取了什么措施？

（4）若电动卷闸门由此电路来控制，门由上升变下降时，为什么必须按下停止按钮?

（5）接触器联锁（或互锁）是指当一个接触器得电动作时，通过其辅助常闭触头使另一个接触器不得电。实现联锁作用的辅助常闭触头称为 ________________________，联锁用符号________________表示。

3．认识按钮、接触器双重联锁正反转控制线路

如果把正转按钮 SB1 和反转按钮 SB2 换成两个复合按钮，并把两个复合按钮的常闭触头也串接在对方的控制电路中，构成如图 2–2–4 所示的按钮和接触器双重联锁正反转控制线路，就能克服接触器联锁正反转控制线路操作不便的缺点，使线路操作方便，工作安全可靠。

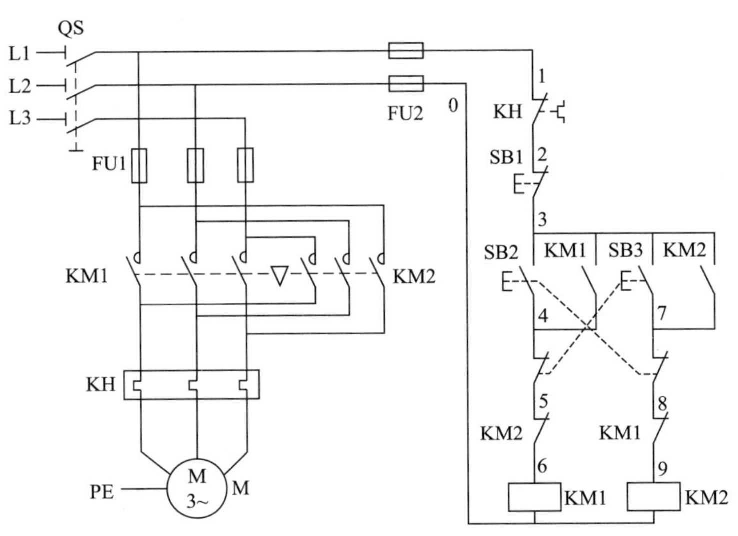

图 2–2–4

（1）根据所学电动机的知识，查阅相关资料，说明改变单相交流异步电动机的旋转方向应怎样操作。

（2）简要写出复合按钮的控制原理。

（3）该电路主电路中的低压电器有哪些?

（4）该电路控制电路中的低压电器有哪些?

（5）该电路中具有哪些保护？分别用什么低压电器实现?

（6）分析电路图，写出正转、反转和停止的控制过程。

1）正转控制：

2）反转控制：

3）停止控制：

二、认识电动卷闸门的电气控制原理

1．电动卷闸门电气控制线路原理如图 2–2–5 所示。结合前面对几种常见正反转基本控制线路的学习，分析其工作原理，回答问题。

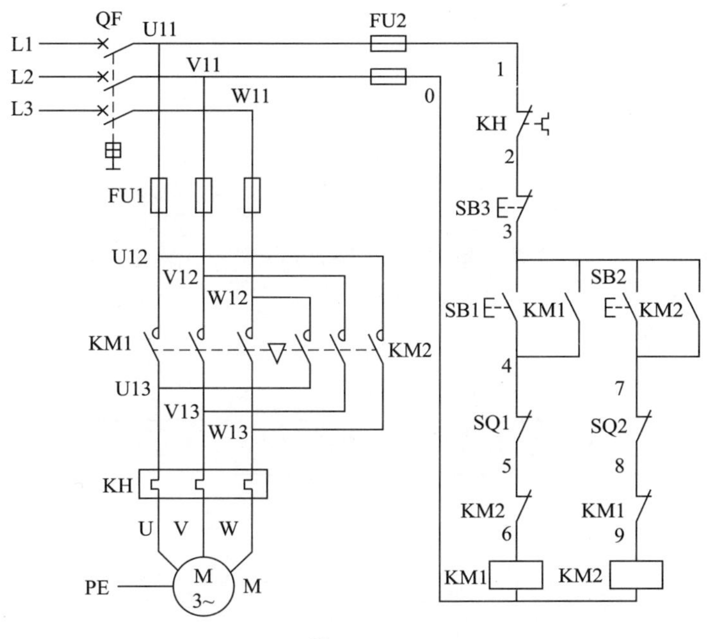

图 2–2–5

（1）电路图中的电气元件 SQ1 和 SQ2 是行程开关，主要用于位置控制。什么是位置控制？行程开关是如何实现位置控制的？

（2）简要写出线路的控制过程。

2．实际应用中，电动卷闸门常使用遥控钥匙（图 2–2–6）进行控制，查阅相关资料，写出电动卷闸门遥控钥匙的配对过程。

图 2–2–6

三、制订工作计划

电动卷闸门电气控制线路安装与调试工作计划

一、人员分工

1．小组负责人

2．小组成员及分工

姓名	分工

二、工具及材料清单

序号	工具或材料	单位	数量	备注

续表

序号	工具或材料	单位	数量	备注

三、工序及工期安排

序号	工作内容	完成时间	备注

四、安全防护措施

学习活动3 现 场 施 工

学习目标

1. 能识读、绘制位置图、接线图。

2. 能按图纸、工艺要求、安装规程要求，参照世界技能大赛电气安装技术标准完成线路安装施工任务，在安装过程中应具有环保意识和成本意识。

3. 能正确使用电工常用工具。

4. 能在工作过程中严格执行企业的作业规范、安全生产制度、环保管理制度以及“6S”管理制度，严格遵守从业人员的职业道德，具有吃苦耐劳、爱岗敬业的工作态度和职业责任感。

建议学时：24学时

学习过程

一、识读、绘制电动卷闸门电气控制线路位置图

复习上一任务所学内容，结合实训用电动卷闸门的实际情况，识读相关技术资料、图纸，绘制其电气控制线路的位置图，明确相关电气元件的位置，为后续施工做好准备。

二、识读、绘制电动卷闸门电气控制线路接线图

结合实训用电动卷闸门的实际情况，识读相关技术资料、图纸，绘制接线图，明确元器件实物的连接关系，并结合实训设备，通过测量等方法确定实际的走线路径。

三、安装元器件和布线

1．本任务的实施过程中可能涉及金属软管布线和塑料线槽布线两种工艺，回顾学习任务一所学内容，并查阅相关资料熟悉操作步骤，回答下面的问题。

（1）金属软管布线有什么特点?

（2）金属软管布线应注意哪些问题?

（3）塑料线槽布线应注意哪些问题?

2．主电路的安装

查阅相关资料，了解主电路元器件安装的工艺要求，按要求进行施工操作。主电路安装布线过程中遇到了哪些问题？你是如何解决的？在表 2–3–1 中记录下来。

表 2–3–1　所遇问题和解决方法

所遇问题	解决方法

3．电动卷闸门上升和下降控制电路的安装

查阅相关资料，了解控制电路元器件安装的工艺要求，按要求进行施工操作。电动卷闸门上升和下降控制线路的安装布线过程中遇到了哪些问题？你是如何解决的？在表 2–3–2 中记录下来。

表 2–3–2　　所遇问题和解决方法

所遇问题	解决方法

四、评价

根据表 2–3–3 所列要求对本活动中的完成情况进行评价。

表 2–3–3　　评价表

项目要求	配分	评分细则	自我评价	小组评价	教师评价
时间要求	10	在规定时间内完成任务得 10 分；每超过 5 分钟扣 2 分			
现场准备，清点元器件、工具	5	元器件工具清点完整得 5 分；缺一个扣 0.5 分			
安装连接电路	30	电路连接正确、符合要求得 30 分；一处不符合扣 5 分			
电路安装步骤与方法	30	安装步骤与方法正确、符合工工艺要求得 30 分；一处不符合扣 5 分			
线路布局	25	布局美观、符合控制要求得 25 分；一项不符合扣 5 分			
合计					

学习活动 4　检修与调试

学习目标

1. 能按照施工任务进行直观检查。

2. 能按相关的技术要求（如世界技能大赛电气安装技术标准中绝缘电阻、接地电阻测试等）使用仪表进行自检和互检，排查故障。

3. 能按照安全操作规程完成通电试车，能正确标注有关控制功能的铭牌标签。

4. 施工后能按照管理规定清理施工现场，整理工具，收集剩余材料，清理工程垃圾，拆除防护措施。

5. 能规范填写验收项目报告，交付验收。

建议学时：8 学时

学习过程

一、自检和互检

在断电情况下进行自检和互检，完成以下内容。

1．根据电路图检查电路的接线是否正确、接地通道是否正确。用万用表进行检查，自行设计表格，记录检查的项目、过程、测试结果、所遇到的问题和处理方法。

2．检查热继电器的整定值和熔断器中熔体的规格是否符合要求。

3．检查电动机及线路的绝缘电阻

（1）根据电动卷闸门电动机的铭牌参数将主要参数摘录下来。

（2）用兆欧表测量电动机绕组之间、绕组与地之间的绝缘电阻，应符合技术要求。理论值多少？实测值多少？记录在表 2–4–1 中。

表 2–4–1　绝缘电阻测试结果

检查项目	理论值	实测值	是否符合技术要求
绕组与绕组			
绕组与地			

二、通电试车

1．断电检查无误后，经教师同意，通电试车，观察电动机的运行状态，测量相关参数。

（1）测量电动机的空载电流

空载时，用钳形电流表测量三相空载电流是否平衡，将测量结果记录下来，注意测量的同时要观察电动机是否有杂声、振动及其他较大噪声，如有应立即停车进行检修。

（2）测量电动机的转速

用转速表测量电动机转速，并与电动机的额定转速进行比较，将结果记录在表 2–4–2 中。

表 2–4–2 电动机的转速

测量项目	额定转速	实际转速	转差率
电动机转速			

2．若电路存在故障需及时处理。电动机运行正常无误后，标注有关控制功能的铭牌标签，清理工作现场，整理工具，收集剩余材料，清理工程垃圾，拆除防护措施，交付验收人员检查。通电试车过程中，若出现异常现象，应立即停车，进行检查与调试。小组间相互交流，将各自遇到的故障现象、故障原因和处理方法记录在表 2–4–3 中。

表 2–4–3 故障现象、故障原因和处理方法记录

故障现象	故障原因	处理方法

三、项目验收

1．在验收阶段，各小组派出代表进行交叉验收，并填写详细验收记录（表 2–4–4）。

表 2–4–4 验收过程问题记录表

验收问题记录	整改措施	完成时间	备注

续表

验收问题记录	整改措施	完成时间	备注

2．以小组为单位认真填写电动卷闸门电气控制线路安装与调试任务验收报告（表 2–4–5），并将学习活动 1 中的工作任务联系单填写完整。

表 2–4–5　　电动卷闸门电气控制线路安装与调试任务验收报告

工程项目名称			
工程概况			
建设单位		联系人	
地址		联系电话	
施工单位		联系人	
地址		联系电话	
项目负责人		施工周期	

续表

现存问题			完成时间	
改进措施				
验收结果	主观评价	客观测试	施工质量	材料移交

四、评价

参照世界技能大赛的相关评价标准、要求，根据小组展示的安装成果，按表 2–4–6 所列评分标准进行评分。

表 2–4–6　评分标准

评价内容		分值	评分		
			自我评价	小组评价	教师评价
故障分析	故障分析思路清晰	20			
	准确标出最小故障范围				
故障排除	用正确的方法排除故障点	50			
	检修中不扩大故障范围或产生新的故障，一旦发生，能及时自行修复				
	工具、设备无损坏				
通电试车	设备正常运转无故障	20			
	出现故障，及时独立发现问题并解决				
安全文明生产	遵守安全文明生产规程	10			
	施工完成后认真清理现场				
施工规定用时：　实际用时： 超时扣分：					
合计					

学习活动 5　总结与评价

学习目标

1. 能以小组形式对学习过程和实训成果进行汇报总结。

2. 完成对学习过程的综合评价。

建议学时：4 学时

学习过程

一、回顾项目

各小组回顾每个学习活动的进展过程、现存问题、改进措施和验收交付等情况，提炼各个活动环节的关键技术，填入表 2–5–1 中。

表 2–5–1　回顾项目

活动环节	关键技术
学习活动 1：明确任务和勘察现场	
学习活动 2：施工前的准备	
学习活动 3：现场施工	
学习活动 4：检修与调试	

二、工作总结

以小组为单位，选择演示文稿、展板、视频等形式中的一种或几种，向全班展示、汇报学习成果。

三、综合评价

参考世界技能大赛的评价标准、理念，针对本任务的学习情况，根据表 2–5–2 所列综合评价标准进行评分。

表 2–5–2 综合评价

评价项目	评价内容及标准	配分	评分		
			自我评价	小组评价	教师评价
工作组织和管理	团队合作，合理计划，高效管理时间	3			
	定期检查工作进展和成果	3			
	保证高质量标准地完成工作	4			
沟通能力	与客户交流，完全理解其要求	5			
	提供明确说明，为客户提供书面报告	5			
计划创新能力	定期检查工作，最小化问题	5			
	提出创新性、可行性建议，提高客户满意度	5			
设计安装能力	根据要求设计图纸，正确选用元器件	20			
	按照相关技术标准完成电路的装接	30			
维修能力	使用、测试、校准测量设备	5			
	修复检查验收中发现的问题	15			
学生姓名		综合评价得分			
指导教师		日期			

世赛知识

中国的参赛历程与成绩

1．首战伦敦

2011 年 10 月，在英国伦敦举行的第 41 届世界技能大赛上，中国首次组团参加了 6 个项目的比赛，获得 1 枚银牌和 5 个优胜奖。

2．挺进莱比锡

2013 年 7 月，在德国莱比锡举行的第 42 届世界技能大赛上，中国代表团参加了 22 个项目的比赛，获得 1 枚银牌、3 枚铜牌和 13 个优胜奖。

3．圆梦巴西

2015 年 8 月，在巴西圣保罗举行的第 43 届世界技能大赛上，中国代表团参加了 29 个项目的比赛，获得 5 枚金牌、6 枚银牌、4 枚铜牌和 11 个优胜奖，实现了金牌零的突破。

4．技竞阿布扎比

2017 年 10 月，在阿联酋阿布扎比举行的第 44 届世界技能大赛上，中国代表团参加了 47 个项目的比赛，获得 15 枚金牌、7 枚银牌、8 枚铜牌和 12 个优胜奖，金牌总数、奖牌总数和团体总分均位列第一。

5．征战喀山

2019 年 8 月，在俄罗斯喀山举行的第 45 届世界技能大赛上，中国代表团参加了全部 56 个项目的比赛，获得 16 枚金牌、14 枚银牌、5 枚铜牌和 17 个优胜奖，金牌总数、奖牌总数和团体总分再次列第一，获得了历史最好成绩。

学习任务三　磨床电气控制线路安装与调试

学习目标

1. 能根据工作任务情境填写工作任务单，明确工作任务，与相关人员进行沟通，明确工时、工作内容等要求。

2. 能识读相关施工图纸，通过勘察施工现场，准确描述现场特征，取得必要的资料、数据。

3. 能正确识读电气原理图，明确 M7130 型平面磨床控制线路的控制过程及工作原理。

4. 能正确识别选用常用的电压继电器、电磁吸盘、电流继电器等低压电器，正确使用电工常用工具与测量仪表。

5. 能正确识别、选用液压系统的液压元件。

6. 能根据任务要求和施工图纸，列出所需工具和材料清单，准备工具，领取材料。

7. 能根据勘察现场的结果和任务要求，合理制订工作计划。

8. 能按照作业规程应用必要的标识和隔离措施，准备现场工作环境。

9. 能正确识读位置图、接线图，能按图纸、工艺要求、安装规程要求，参照世界技能大赛电气安装技术标准完成线路安装施工任务，在安装过程中应具有环保意识和成本意识。

10. 施工后，能按相关的技术要求（如世界技能大赛电气安装技术标准中绝缘电阻、接地电阻测试等）使用仪表进行自检，排查故障，完成运行测试工作。

11. 通电试车合格后，能正确标注有关控制功能的铭牌牌标标签。

12. 施工后能按照管理规定清理施工现场，整理工具，收集剩余材料，清理工程垃圾，拆除防护措施。

13. 能完成工作总结与评价，规范填写验收项目报告，交付验收。

14. 能在工作过程中严格执行企业的作业规范、安全生产制度、环保管理制度以及“6S”管理制度。

15. 能严格遵守从业人员的职业道德，具有吃苦耐劳、爱岗敬业的工作态度和职业责任感。

建议学时

60 学时

工作情境描述

某机床生产企业新接到一批 M7130 型平面磨床生产订单，设计部门已经设计好电气控制线路图纸，下发电气部门进行生产。电气部门班组长立即安排人员按照电气原理图、位置图、接线图等图纸在任务规定时间内完成电气控制线路安装。安装过程应符合相关的工艺要求和安装规程要求，安装完成后进行运行测试，保证设备工作正常。

工作流程与活动

1．明确任务和勘察现场
2．施工前的准备
3．现场施工
4．检修与调试
5．总结与评价

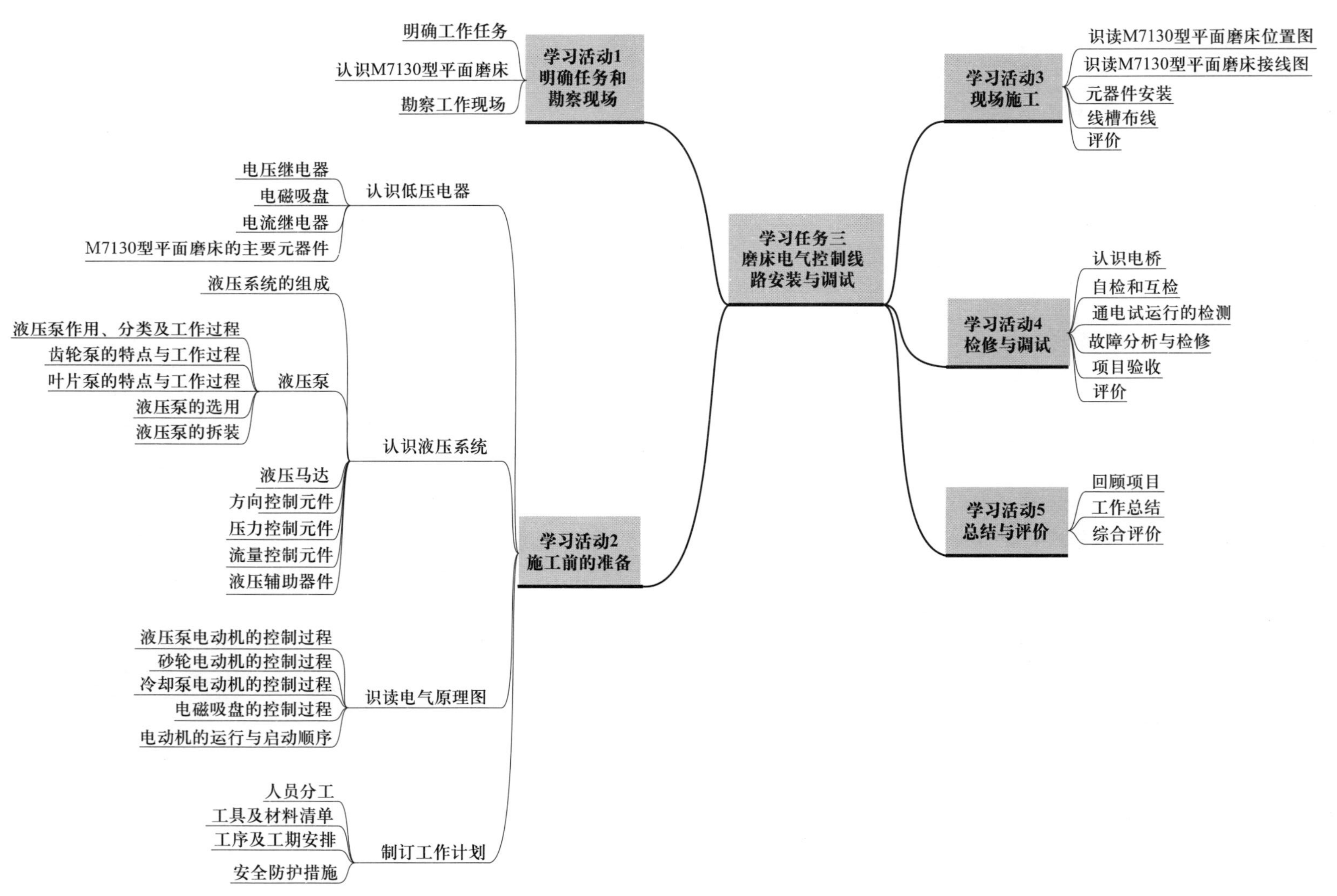
学习任务三
磨床电气控制线路安装与调试
学习活动1
明确任务和勘察现场
明确工作任务
认识M7130型平面磨床
勘察工作现场
学习活动2
施工前的准备
认识低压电器
电压继电器
电磁吸盘
电流继电器
M7130型平面磨床的主要元器件
认识液压系统
液压系统的组成
液压泵
液压泵作用、分类及工作过程
齿轮泵的特点与工作过程
叶片泵的特点与工作过程
液压泵的选用
液压泵的拆装
液压马达
方向控制元件
压力控制元件
流量控制元件
液压辅助器件
识读电气原理图
液压泵电动机的控制过程
砂轮电动机的控制过程
冷却泵电动机的控制过程
电磁吸盘的控制过程
电动机的运行与启动顺序
制订工作计划
人员分工
工具及材料清单
工序及工期安排
安全防护措施
学习活动3
现场施工
识读M7130型平面磨床位置图
识读M7130型平面磨床接线图
元器件安装
线槽布线
评价
学习活动4
检修与调试
认识电桥
自检和互检
通电试运行的检测
故障分析与检修
项目验收
评价
学习活动5
总结与评价
回顾项目
工作总结
综合评价

学习活动 1　明确任务和勘察现场

学习目标

1. 能根据工作任务情境填写工作任务单，明确工作任务，与相关人员进行沟通，明确工时、工作内容等要求。

2. 能描述 M7130 型平面磨床的基本功能、主要结构及运动形式。

3. 能通过勘察施工现场，准确描述现场特征，取得必要的资料、数据。

建议学时：6 学时

学习过程

一、明确工作任务

认真阅读工作任务单（表 3–1–1），结合学习任务的实际情况，说出本次任务的工作内容、时间要求及交接工作相关负责人等信息，并根据实际情况补充完整。

表 3–1–1　　工作任务单　　编号：

<table>
<tr><td>安装地点</td><td colspan="5">电气车间</td></tr>
<tr><td>安装项目</td><td colspan="3">M7130 型平面磨床电气线路的安装</td><td>保修周期</td><td>出厂后一年</td></tr>
<tr><td rowspan="2">安装单位或部门</td><td rowspan="2"></td><td>责任人</td><td></td><td rowspan="2">承接时间</td><td rowspan="2">年　月　日</td></tr>
<tr><td>联系电话</td><td></td></tr>
<tr><td>安装人员</td><td colspan="3"></td><td>完工时间</td><td>年　月　日</td></tr>
<tr><td>验收意见</td><td colspan="3"></td><td>验收人</td><td></td></tr>
<tr><td>处室负责人签字</td><td colspan="2"></td><td colspan="2">项目负责人签字</td><td></td></tr>
</table>

二、认识 M7130 型平面磨床

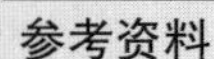

参考资料

电力拖动控制线路与技能训练（第六版）

第三单元课题 3　M7130 型平面磨床电气控制线路

磨床是用砂轮周边或者端面对工件进行机械加工的精密机床，它不仅能加工一般金属材料，而且能加工淬火钢或硬质合金等高硬度材料。M7130 型平面磨床（图 3–1–1）是平面磨床中使用较为普遍的一种，该磨床使用方便，磨削精度和光洁度都较高，适用于磨削精度零件和各种工具，并可以做镜面磨削。查阅相关资料，学习平面磨床的相关知识，回答下面的问题。

图 3–1–1

1．如图 3–1–2 所示 M7130 型平面磨床结构图中，标出各部件的名称。

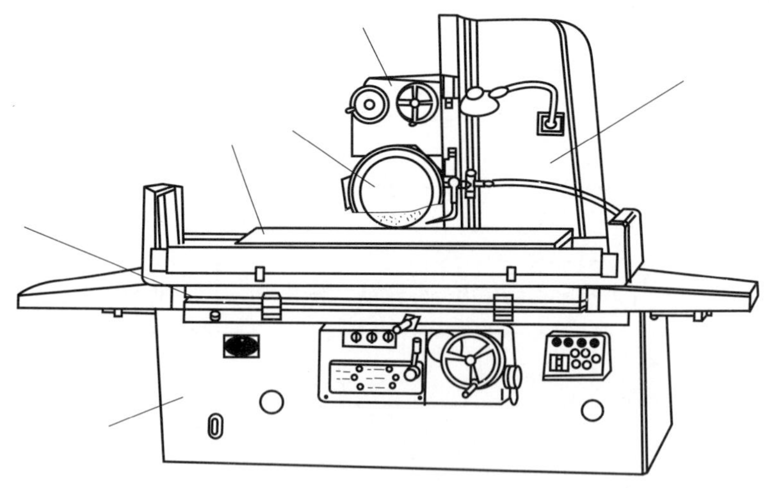

图 3–1–2

2．写出 M7130 型平面磨床型号中字母及数字所代表的含义。

M：

7：

1：

30：

3．观看 M7130 型平面磨床的操作演示，到网上搜索 M7130 型平面磨床的图片或者操作视频，了解机床的结构及操作过程。

4．M7130 型平面磨床的运动形式有哪几种?

5．简述 M7130 型平面磨床的控制要求。

三、勘察工作现场

勘察 M7130 型平面磨床电气控制线路安装现场的基本情况（包括安装位置、尺寸、线路与电动机的连接情况等），做好记录。

学习活动 2　施工前的准备

学习目标

1. 能正确识别选用常用的电压继电器、电磁吸盘、电流继电器等低压电器。

2. 能正确识别、选用液压系统的液压元件。

3. 能正确识读电气原理图，明确 M7130 型平面磨床电气控制线路的控制过程及工作原理。

4. 能根据勘察现场的结果和任务要求，制订工作计划。

5. 能根据任务要求和施工图纸，列举所需工具和材料清单，准备工具，领取材料。

6. 能按照作业规程设置必要的安全防护措施。

建议学时：24 学时

学习过程

参考资料

电力拖动控制线路与技能训练（第六版）

第一单元课题 6　继电器

第三单元课题 3　M7130 型平面磨床电气控制线路

一、认识低压电器

1．认识电压继电器

电压继电器是一种根据电压变化而动作的继电器，在电路中用符号 KV 表示。查阅相关资料，回答下面的问题。

（1）对照实物和模型，认识电压继电器的结构，将图 3-2-1 所示电压继电器的外形结构补充完整。

图 3-2-1

（2）电压继电器分为哪几种?

（3）电压继电器的线圈如何连接?

（4）电压继电器是如何实现欠电压保护功能的?

（5）电压继电器的常开触头何时闭合？如不闭合，对电路有何影响?

（6）选用电压继电器时要考虑哪些因素?

2．认识电磁吸盘

电磁吸盘是装夹在工作台上用来固定工件的一种夹具。查阅相关资料，学习电磁吸盘的相关知识，回答下面的问题。

（1）电磁吸盘与机械夹具相比有哪些优点?

（2）电磁吸盘电路包括哪几部分?

（3）为什么电磁吸盘要用直流电而不用交流电?

（4）电磁吸盘吸力不足会造成什么后果？如何防止出现这种情况?

（5）电磁吸盘退磁不好的原因有哪些?

3．认识电流继电器

反映输入量为电流的继电器称为电流继电器，在电流中用 KA 表示。查阅相关资料，回答下面的问题。

（1）电流继电器分为哪几种?

（2）电流继电器的线圈怎样连接?

（3）电流继电器的选用要考虑哪些因素?

4．认识 M7130 型平面磨床的主要元器件

（1）M7130 型平面磨床的主要电气控制部分都安装在其控制箱内，观察控制箱，在教师的讲解、指导下，认识各元器件的名称，查阅相关资料，在表 3–2–1 中写出各元器件的代号、名称、型号、规格和作用。

表 3–2–1　　M7130 型平面磨床的主要元器件

代号	元器件名称	型号	规格	作用

续表

代号	元器件名称	型号	规格	作用

（2）表 3-2-2 中列出了 M7130 型平面磨床中涉及的新元器件，结合前面的学习，查阅相关资料，对照符号写出名称、功能和用途。

表 3–2–2　　　　　　　　　　　　常用元器件的名称、功能和用途

符号	名称	功能和用途
KV		
KV		
KV		
KA		
KA		
KA		
~ + −		
YH		

二、认识液压系统

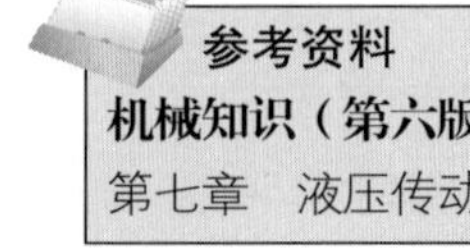

参考资料

机械知识（第六版）

第七章　液压传动

液压传动是依靠被封闭于密封容腔内介质的压力能来传递动力和运动的。M7130 型平面磨床就用到了液压系统。查阅相关资料，学习液压传动技术的相关知识，回答下面的问题。

1．液压系统主要由哪几个部分组成？

2．液压系统有哪些优缺点？

3．液压泵是动力元件，是将______________转换成______________的装置。按运动构件的形状和运动方式，液压泵可分为哪几种类型？按其排量能否调节，又可划分为哪几种类型？

4．在表 3-2-3 中指出各个符号所代表的液压泵类型。

表 3-2-3　　液压泵的类型

定量泵		变量泵	
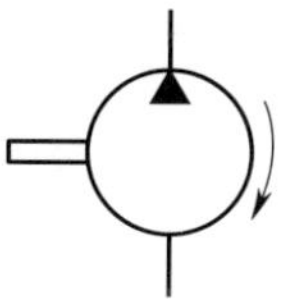	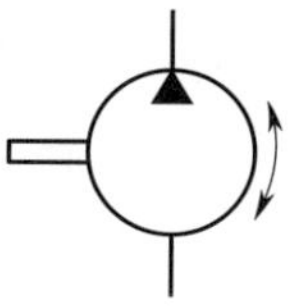	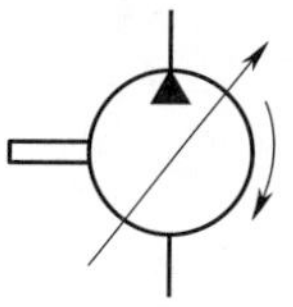	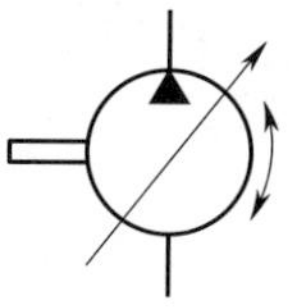

5．图 3–2–2 所示为液压泵的原理示意图，对照图示，简述液压泵的工作原理。

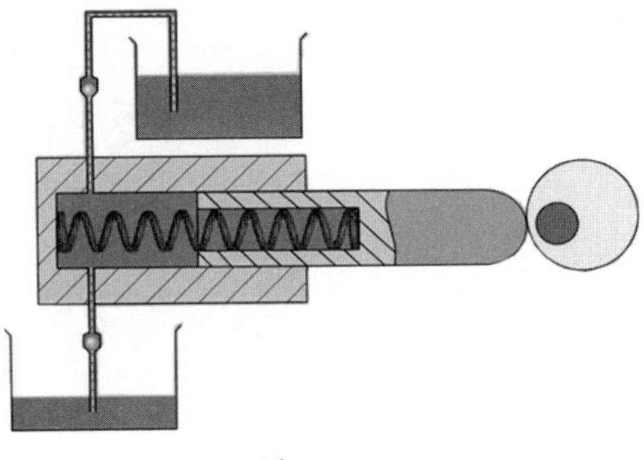

图 3–2–2

6．齿轮泵有什么特点?

7．齿轮泵按照齿轮的齿合形式有哪几种?

8．图 3–2–3 所示是什么类型的液压泵？简述其工作原理。

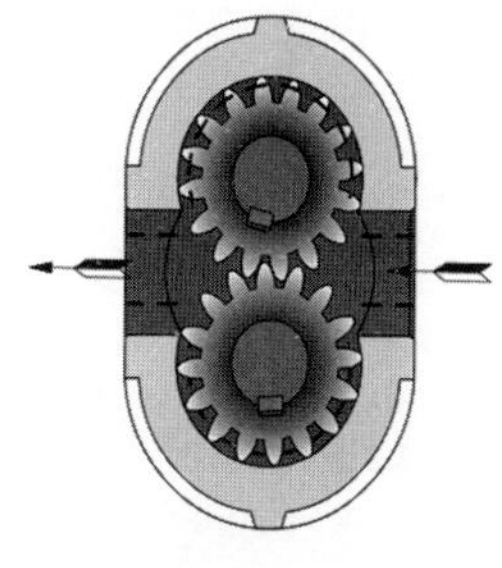

图 3–2–3

9．齿轮泵有哪些不足？

10．叶片泵有什么特点？

11．叶片泵根据每转作用次数可分为哪几类?

12．图 3–2–4 所示是单作用叶片泵的示意图，简述它的工作过程。

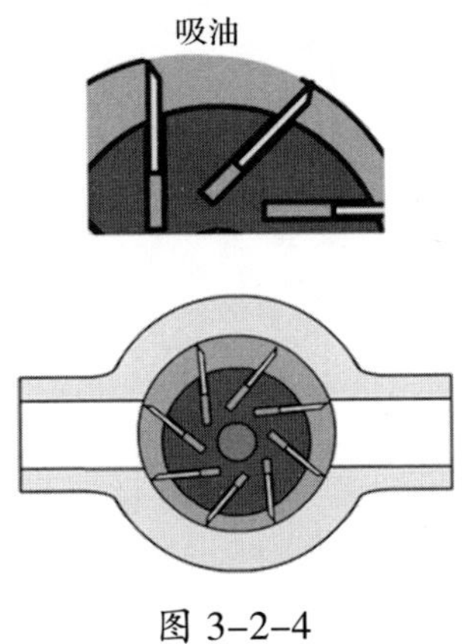

图 3–2–4

13．机床的液压系统一般采用什么泵？有什么优点?

14．液压缸是执行元件，是将______转换成______的装置。查阅相关资料，写出表 3-2-4 中的符号所代表的液压缸类型。

表 3-2-4　　液压缸的类型

单作用液体缸				双作用液体缸		

15．液压泵使用时产生的噪声采用什么措施解决?

16．选择液压泵要考虑哪些因素?

17．查阅相关资料，简述液压马达与液压泵的区别。

18．方向控制元件又称什么？通常包括哪些元件？

19．压力控制元件又称压力控制阀，它包括哪几个组成部分？

20．流量控制元件又称流量控制阀，简要叙述其作用。

21．液压辅助元件包括哪几个部件？

22．表 3–2–5 中列出了液压系统的主要元器件，对照图片写出它的名称。

表 3–2–5　　液压系统的主要元器件

序号	图片	名称
1		
2		
3		
4		

续表

序号	图片	名称
5		
6		
7		
8		
9		

23．以机床常用的单作用叶片泵为例，学习液压泵的拆装步骤。

（1）观察单作用叶片泵的外形，找出吸油口、压油口和泄漏油口的位置，拍照、绘图或用文字描述记录下来。

（2）拆下单作用叶片泵的前端盖，指出拆下的各零部件名称，以及叶片的个数，观察定子和转子的放置特点，找出密封容腔的位置，依据吸排油口的位置分析叶片泵的转动方向，将结论记录下来。

（3）对于变量部分，找出流量调节螺钉的位置。当流量调节螺钉不变时，叶片泵的流量还能改变吗？是如何改变的?

（4）分析调节压力调节螺钉的作用。

三、识读电气原理图

图 3–2–5 所示为 M7130 型平面磨床的电气原理图，图中的 KA（电流继电器）、VC（整流桥）、YH（电磁吸盘）等是新涉及的元器件，首先结合原理图认识这些元器件的功能特点，然后分析电路的工作原理，进而制订本任务的工作计划。

参考资料

电力拖动控制线路与技能训练（第六版）

第三单元课题 3　M7130 型平面磨床电气控制线路

电源开关及保护
砂轮电动机
冷却泵电动机
液压泵电动机
控制电路保护
砂轮控制
液压泵控制
整流变压器
整流器
电磁吸盘
照明
L1
L2
L3
QS1
U11
V11
W11
FU1
U12
V12
W12
FU2
FU3
FU4
KM1
KM2
KH1
KH2
U13
V13
W13
U14
V14
W14
1U
1V
1W
2U
2V
2W
3U
3V
3W
M1
M2
M3
X1
X2
PE
XS
QS2
SB1
SB2
SB3
SB4
KA
T1
T2
R1
R2
R3
C
VC
YH
SA
EL
退磁
放松
吸合
1
2
3
4
5
6
7
8
9
10
11
12
13
14
15
16
17
图 3-2-5

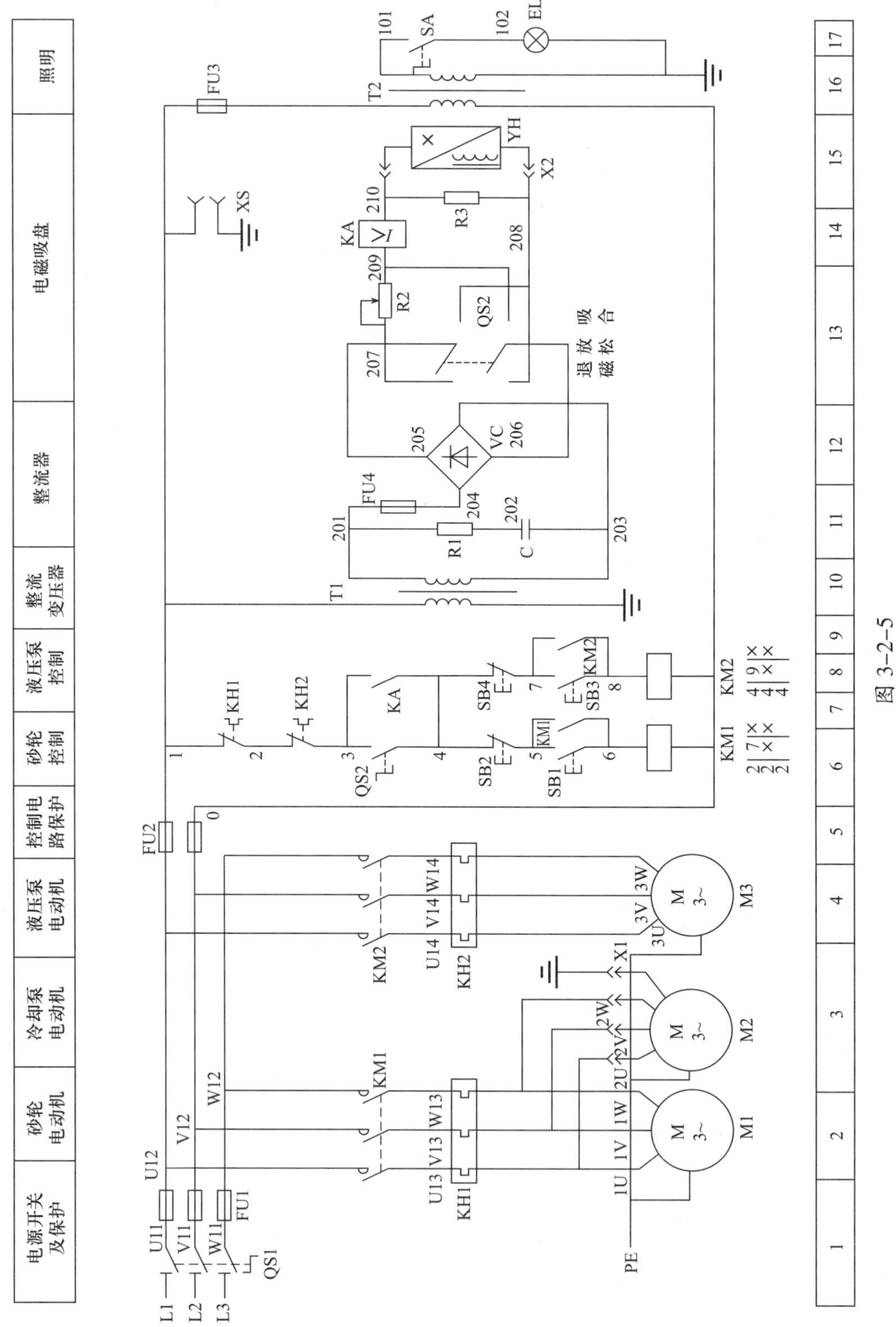

1．根据 M7130 型平面磨床的电气控制要求，识读电路图，填写表 3–2–6。

表 3–2–6 M7130 型平面磨床的电气控制要求

电动机	旋转方向	启动顺序
砂轮电动机		
液压泵电动机		
冷却泵电动机		

2．分析电路工作原理，理解电路中是如何实现控制要求的。参照给定的示例，完成表 3–2–7。

表 3–2–7 电路工作原理

序号	被控对象	涉及的接触器	简述工作原理
1	液压泵电动机	KM2	按下 SB3—KM2 自锁—M3 运转—液压泵开始工作；按下 SB4—KM2 失电—M3 停转—液压泵停止工作
2	砂轮电动机		
3	冷却泵电动机		
4	电磁吸盘（充磁）		
	电磁吸盘（退磁）		

3．电气原理图中的电磁吸盘 YH 控制电路由哪几部分组成?

4．加工时为了吸住工件，应对电磁吸盘做什么操作？加工完毕，为了取下工件，又应对电磁吸盘做什么操作？

5．电路中 RC 组成阻容吸收回路，它的作用是什么？查阅相关资料说明。

6．在图 3–2–5 中用不同颜色标出充磁、退磁回路，并标出 YH 的正、负极。

7．简述充磁时 YH 的工作过程。

8．简述退磁时 YH 的工作过程。

9．三相电源进线和出线如何接入控制面板？

10．主熔断器 FU1 进线应接到何处？为何不能直接接到 QS1 的接线柱上？

11．电动机 M1、M2、M3 等的引出线是否能与控制面板上电气元件的接线柱直接相连？为什么？

12．分析电路，指出砂轮电动机与冷却泵电动机启动的先后顺序。

13．如果 KM1 和 KM2 选用了 220 V 线圈的交流接触器，会出现什么情况?

14．整流桥 VC 应如何接线?

15．电磁吸盘 YH 及其 RC 保护装置应如何接线?

16．电流继电器、整流桥和电磁吸盘的安装是本任务新涉及内容，查阅相关资料，了解安装方法，把要点记录下来。

四、制订工作计划

M7130 型平面磨床电气控制线路安装与调试工作计划

一、人员分工

1．小组负责人

2．小组成员及分工

姓名	分工

二、工具及材料清单

序号	工具或材料	单位	数量	备注

续表

序号	工具或材料	单位	数量	备注

三、工序及工期安排

序号	工作内容	完成时间	备注

四、安全防护措施

学习活动3 现 场 施 工

学习目标

1. 能识读位置图、接线图。

2. 能按图纸、工艺要求、安装规程要求，参照世界技能大赛电气安装技术标准完成线路安装施工任务，在安装过程中应具有环保意识和成本意识。

3. 能正确使用电工常用工具。

4. 能在工作过程中严格执行企业的作业规范、安全生产制度、环保管理制度以及“6S”管理制度，严格遵守从业人员的职业道德，具有吃苦耐劳、爱岗敬业的工作态度和职业责任感。

建议学时：20学时

学习过程

> 参考资料
> **电力拖动控制线路与技能训练（第六版）**
> 第三单元课题3 M7130型平面磨床电气控制线路

一、识读M7130型平面磨床位置图

识读图3-3-1所示M7130型平面磨床位置图，结合实训设备的实际情况，明确元器件的安装位置。

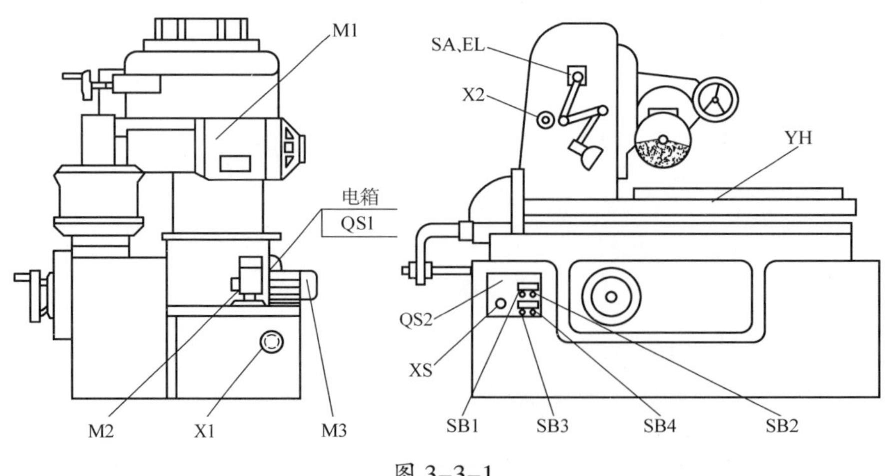

图3-3-1

二、识读 M7130 型平面磨床接线图

> **参考资料**
> **电力拖动控制线路与技能训练（第六版）**
> 第三单元课题 3　M7130 型平面磨床电气控制线路

识读图 3–3–2 所示 M7130 型平面磨床接线图，明确元器件实物的连接关系，并结合实训设备，通过测量等方法确定实际的走线路径。

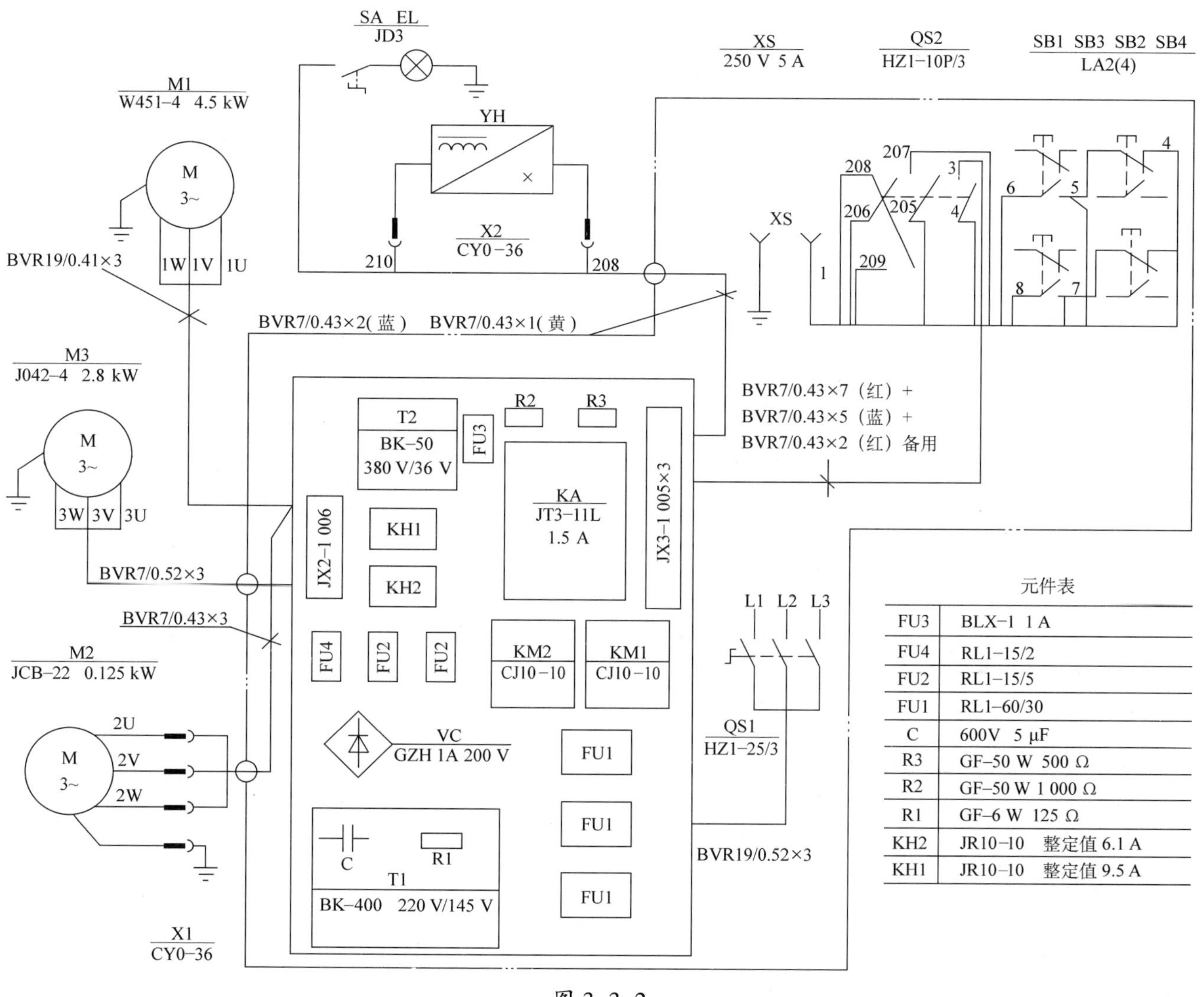

元件表

FU3	BLX–1 1 A
FU4	RL1–15/2
FU2	RL1–15/5
FU1	RL1–60/30
C	600V 5 μF
R3	GF–50 W 500 Ω
R2	GF–50 W 1 000 Ω
R1	GF–6 W 125 Ω
KH2	JR10–10 整定值 6.1 A
KH1	JR10–10 整定值 9.5 A

图 3–3–2

三、安装元器件和布线

本工作任务中元器件的安装工艺、步骤、方法及要求与前面任务基本相同。对照前面任务中电气设备控制线路的安装步骤和工艺要求完成安装任务。

1．主电路的安装

查阅相关资料，了解主电路元器件安装的工艺要求，按要求进行施工操作。主电路安装布线过程中遇到了哪些问题？你是如何解决的？在表 3–3–1 中记录下来。

表 3-3-1　　所遇问题和解决方法

所遇问题	解决方法

2．控制电路的安装

查阅相关资料，了解控制电路元器件安装的工艺要求，按要求进行施工操作。控制电路安装布线过程中遇到了哪些问题？你是如何解决的？在表 3-3-2 中记录下来。

表 3-3-2　　所遇问题和解决方法

所遇问题	解决方法

3．电磁吸盘电路与照明电路的安装

查阅相关资料，了解电磁吸盘电路与照明电路元器件安装的工艺要求，按要求进行施工操作。电磁吸盘电路与照明电路安装布线过程中遇到了哪些问题？你是如何解决的？在表 3-3-3 中记录下来。

表 3-3-3　　所遇问题和解决方法

所遇问题	解决方法

四、评价

根据表 3-3-4 所列要求对本活动中的完成情况进行评价。

表 3-3-4　　评价表

项目要求	配分	评分细则	自我评价	小组评价	教师评价
时间要求	10	在规定时间内完成任务得 10 分；每超过 5 分钟扣 2 分			
现场准备，清点元器件、工具	5	元器件工具清点完整得 5 分；缺一个扣 0.5 分			
安装连接电路	30	电路连接正确、符合要求得 30 分；一处不符合扣 5 分			
电路安装步骤与方法	30	安装步骤与方法正确、符合工工艺要求得 30 分；一处不符合扣 5 分			
线路布局	25	布局美观、符合控制要求得 25 分；一项不符合扣 5 分			
合计					

学习活动 4　检修与调试

学习目标

1. 能按照施工任务进行直观检查。

2. 能按相关的技术要求（如世界技能大赛电气安装技术标准中绝缘电阻、接地电阻测试等）使用仪表进行自检和互检，排查故障。

3. 按照安全操作规程完成通电试车，能正确标注有关控制功能的铭牌标签。

4. 能规范填写验收项目报告，交付验收。

5. 施工后能按照管理规定清理施工现场，整理工具，收集剩余材料，清理工程垃圾，拆除防护措施。

建议学时：6 学时

学习过程

> **参考资料**
> **电工技能训练（第六版）**
> 第二单元课题六任务四　直流电桥的使用

一、认识电桥

电桥是根据电桥法原理制成的测量仪器，电桥法利用检流计作为指示器，根据电桥电路平衡条件来确定被测量的大小。查阅相关资料，回答下面的问题。

1．根据电桥所用电源不同，电桥分为____________________电桥和________________电桥。

2．根据电桥内部结构不同，电桥分为____________________电桥和________________电桥。

3．直接用万用表欧姆挡测量电阻很方便，为什么还要使用电桥测量呢?

二、自检和互检

在断电情况下进行自检和互检，根据检测内容，填写表 3–4–1。

表 3–4–1　　自检和互检

序号	检测内容	自检情况记录	互检情况记录
1	用兆欧表对电动机 M1 ～ M3 进行绝缘测试		
2	用万用表对 110 V 控制电路进行断电测试		
3	用万用表对 24 V 控制电路进行断电测试		
4	用万用表测量电磁吸盘电阻		
	用电桥测量电磁吸盘电阻		

三、通电试车

断电检查无误后，经过教师检查同意，通电试车，观察电动机的运行状态，测量相关技术参数，如存在故障，及时断电处理。电动机运行正常无误后，标注有关控制功能的铭牌标签，清理工作现场，整理工具，收集剩余材料，清理工程垃圾，拆除防护措施，交付验收检查。

1．根据测试内容，填写表 3–4–2。

表 3–4–2　　通电试车

测试内容	能否启动	能否停止	测试结果（合格 / 不合格）		故障现象	检测部位
			自检	互检		
液压泵						
砂轮						
砂轮升降						

续表

测试内容	能否启动	能否停止	测试结果（合格/不合格）		故障现象	检测部位
			自检	互检		
电磁吸盘充磁						
电磁吸盘退磁						
冷却泵						

2．小组相互交流，将各自遇到的故障现象、故障原因和处理方法记录在表 3–4–3 中。

表 3–4–3　故障现象、故障原因和处理方法记录

故障现象	故障原因	处理方法

四、项目验收

1．在验收阶段，各小组派出代表进行交叉验收，并填写详细验收记录（表 3–4–4）。

表 3–4–4　　验收过程问题记录表

验收问题记录	整改措施	完成时间	备注

2．以小组为单位认真填写 M7130 型平面磨床电气控制线路安装与调试任务验收报告（表 3–4–5），并将学习活动 1 中的工作任务单填写完整。

表 3–4–5　　M7130 型平面磨床电气控制线路安装与调试任务验收报告

工程项目名称			
工程概况			
建设单位		联系人	
地址		联系电话	

续表

施工单位			联系人	
地址			联系电话	
项目负责人			施工周期	
现存问题			完成时间	
改进措施				
验收结果	主观评价	客观测试	施工质量	材料移交

五、评价

参照世界技能大赛的相关评价标准、要求，根据小组展示的安装成果，按照表 3–4–6 所示评分标准进行评分。

表 3–4–6　　评分标准

评价内容		分值	评分		
			自我评价	小组评价	教师评价
故障分析	故障分析思路清晰	20			
	准确标出最小故障范围				
故障排除	用正确的方法排除故障点	50			
	检修中不扩大故障范围或产生新的故障，一旦发生，能及时自行修复				
	工具、设备无损坏				
通电试车	设备正常运转无故障	20			
	出现故障后，及时独立发现问题并解决				
安全文明生产	遵守安全文明生产规程	10			
	施工完成后认真清理现场				
施工规定用时：　　实际用时： 超时扣分：					
合计					

学习活动 5　总结与评价

学习目标

1. 能以小组形式对学习过程和实训成果进行汇报总结。

2. 完成对学习过程的综合评价。

建议学时：4 学时

学习过程

一、回顾项目

各小组回顾每个学习活动的进展过程、现存问题、改进措施和验收交付等情况，提炼各个活动环节的关键技术，填入表 3–5–1 中。

表 3–5–1　　回顾项目

活动环节	关键技术
学习活动 1：明确任务和勘察现场	
学习活动 2：施工前的准备	
学习活动 3：现场施工	
学习活动 4：检修与调试	

二、工作总结

以小组为单位，选择演示文稿、展板、视频等形式中的一种或几种，向全班展示、汇报学习成果。

三、综合评价

参考世界技能大赛的评价标准、理念，针对本任务的学习情况，根据表 3–5–2 所列综合评价标准进行评分。

表 3–5–2　　综合评价

评价项目	评价内容及标准	配分	评分		
			自我评价	小组评价	教师评价
工作组织和管理	团队合作，合理计划，高效管理时间	3			
	定期检查工作进展和成果	3			
	保证高质量标准地完成工作	4			
沟通能力	与客户交流，完全理解其要求	5			
	提供明确说明，为客户提供书面报告	5			
计划创新能力	定期检查工作，最小化问题	5			
	提出创新性、可行性建议，提高客户满意度	5			
设计安装能力	根据要求设计图纸，正确选用元器件	20			
	按照相关技术标准完成电路的装接	30			
维修能力	使用、测试、校准测量设备	5			
	修复检查验收中发现的问题	15			
学生姓名		综合评价得分			
指导教师		日期			

世赛知识

世界技能大赛中国组委会

我国加入世界技能组织后，为了做好参加世界技能大赛的组织管理工作，人力资源和社会保障部制定了《世界技能大赛参赛管理暂行办法》，设立了世界技能大赛中国组委会，对参赛工作进行指导。

世界技能大赛中国组委会主任由人力资源和社会保障部副部长兼任，副主任由人力资源和社会保障部职业能力建设司、国际合作司主要负责同志兼任。组委会成员由财政部社会保障司，人力资源和社会保障部办公厅、规划财务司、职业能力建设司、国际合作司、人事司、宣传中心、中国就业培训技术指导中心、国际交流服务中心、中国职工教育和职业培训协会、中国人力资源和社会保障出版集团负责同志担任。

世界技能大赛中国组委会设秘书处、对外工作组、技术支持组、保障服务组、新闻宣传组。

1．秘书处

秘书处设在人力资源和社会保障部职业能力建设司，负责综合管理和统筹协调参赛工作。

- 制订并实施参赛工作发展规划和年度工作计划；
- 制订参赛项目和参赛选手、技术指导专家、教练、翻译遴选条件；
- 制订集训基地日常管理办法；
- 制定表彰奖励政策；
- 提出并执行年度专项经费预算；
- 负责制定中国代表团出国参赛方案和参赛期间综合管理；
- 承办组委会日常工作。

2．对外工作组

对外工作组设在人力资源和社会保障部国际合作司。

- 统筹协调我国参与世界技能组织活动及与有关国家和地区在技能竞赛领域的交流合作；
- 负责与世界技能组织的联络；
- 筹备参加世界技能组织大会和其他相关国际会议；
- 审核中国代表团出国参赛组团方案并根据参赛方案负责对外联系。

3．技术支持组

技术支持组设在中国就业培训技术指导中心。

- 研究提出参赛项目建议；
- 承办参赛项目和参赛选手、技术指导专家、教练的遴选工作；
- 指导开展参赛选手、技术指导专家、教练的培训；
- 承办技术会议和技术交流活动；

- 承担中国代表团出国参赛期间的技术指导工作；
- 负责国际竞赛规则规程、技术标准的引进与推广。

4．保障服务组

保障服务组设在人力资源和社会保障部国际交流服务中心。

- 组织承办国际技术交流活动；
- 选拔、培训参赛翻译，翻译审核相关资料；
- 负责出席国际会议、出国参赛的组团事宜和后勤保障等事务性工作；
- 处理社会赞助事宜。

5．新闻宣传组

新闻宣传组设在人力资源和社会保障部宣传中心。

- 负责涉及世界技能组织、世界技能大赛的宣传工作，牵头确定年度新闻宣传计划并组织实施；
- 制订宣传工作方案和宣传口径；
- 组织新闻稿件，联系国内外媒体。